KB242197

현장체험학습 가이드

현장체험학습 가이드

구경래 지음

생각나눔

현장체험학습은 다양한 체험활동을 바탕으로 지식과 경험, 지혜를 쌓을 수 있다는 점에서 두 손 들어 환영할 학습방법이다. 또한, 현장체험학습은 교과 과정의 다양화, 이론중심의 교과수업 보완, 아이의 재능계발 지원처럼 교육활동에 여러 가지로 도움이 된다. 하지만 현장체험학습을 바라보는 시선이 반드시 고운 것만은 아니다. 왜냐하면, 현장체험학습이 갈수록 상업화되는 경향이 있고, 입시교육의 연장이 되는 현상이 짙어지는데다, 막상 현장으로 떠나려 하면 이래저래 할 일도 많고, 안전사고의 위험까지도 부담해야 하므로 교사의 업무 또한 증대하기 때문이다. 그래서 그런 우려를 씻어내고, 현장체험학습의 올바른 방향에 대해서 같이 고민하는 계기를 마련함이 좋겠다 싶어 이 글을 쓰게 되었다.

길 위의 학교인 현장체험학습이 성공하려면 아래의 몇 가지 관계를 고민해야 한다.

첫째, 사람과의 관계다. 즉, 누구와 떠나느냐 하는 문제다. 학교나 학원에서 현장체험학습을 떠난다면 교사와 함께 현장체험학습을 떠난다. 그러므로 교사와 학생 사이의 관계가 무척 중요하다. 그 관계가 매끄

러우면 현장체험학습이 수월할 것이고, 그 관계가 매끄럽지 않다면 현장체험학습은 난관에 부딪힐 가능성이 있다. 다음으로 학생과 학생 사이의 관계도 소중하다. 이 관계는 서로 협력과 경쟁의 관계에 놓여있다. 협력과 경쟁이 평화롭게 잘 이어지면 멋진 현장체험학습이 될 터이고, 그렇지 않으면 말다툼이나 주먹다짐이 벌어지기도 할 것이다. 교사와 아이 말고도 또 다른 사람과의 관계가 있다. 바로 현장에서 만나는 사람들이다. 그들과의 관계도 중요한데, 왜냐하면 현장에서 만나는 낯선 사람들은 새로운 인생, 새로운 지식, 새로운 경험, 새로운 문화, 새로운 환경도 함께 보여주기 때문이다. 현장으로 떠난 아이는 낯설지만 새로운 관계를 통해 삶과 지식의 다양성을 배우고, 문화와 환경의 차이를 배우고, 여럿이 함께 어울리는 공존을 익히게 된다. 즉, 아이는 현장체험학습을 통해 어른과 아이, 아이와 아이, 아이와 사회의 여러 관계를 학습하게 된다. 다양한 관계의 학습은 더불어 사는 사회로 가는 첫걸음이나 마찬가지다. 그러므로 사람과의 관계를 배운다는 것은 길 위 교육의 으뜸가는 핵심이다.

둘째, 자연과의 관계다. 자연은 인류가 생겨나기 전부터 있었으며, 인류가 사라진 후에도 남을 것이다. 사람은 이 자연의 한 부분에 속하며, 그 자연을 통해 살아가는 방식을 배우게 된다. 자연환경이 빼어난 곳을 체험현장으로 고르거나, 자연에서 아이들과 더불어 놀 수 있는 공간을 찾아내는 것은 현장체험학습 성패의 주요한 갈림길이다. 땅과 바위를 밟으며, 신선한 공기와 기운을 들이키며, 푸른 하늘과 흰 구름을 보며, 꽃과 나무의 향기를 맡으며, 숲 속 동물의 소리에 귀를 기울이는 것은 자연을 보며 자신을 찾는 것이다. 자연의 이치를 보면서 삶의 이치를 깨닫는 것이므로 자연과 잘 어울리는 사람이라면 자연의 법칙에 따라 조화와 균형을 이루는 삶을 절로 배우게 된다. 따라서 사람과 자연의 관계를 배우는 것은 길 위 교육의 또 다른 핵심이다.

셋째, 역사와의 관계다. 역사는 사람이 일구어 온 사회의 발자취며, 역사현장은 그 증거라 할 수 있다. 지나간 선조의 삶과 경험, 지혜와 문화를 통해 자연스레 오늘날 우리의 삶과 경험, 지혜와 문화를 되돌아볼 수 있다. 지나간 인물을 통해 현재의 인물에 대해 생각해 볼 수 있으며, 지나간 유물과 현재의 물건을 서로 견줄 수 있으며, 지나간 제도나 정책을 보면서 오늘의 제도와 정책을 고민하게 된다. 과거를 통해 현재를, 현재를 통해 내일을 대비하게끔 이끌기도 한다. 어제의 역사와 문화를 찾아가는 체험은 오늘의 현실을 돌아보게 하며, 동시에 다가오는 내일을 내다보게끔 한다. 역사현장을 통해 과거와 현재, 미래가 서로 이어지는 관계를 배우니 이 또한 길 위 교육의 핵심 가운데 하나를 차지한다.

이것 말고도 관계는 얼마든지 더 있을 수 있다. 그러나 여기서는 위 세 가지 관계를 길 위 교육의 성패를 가늠 짓는 핵심으로 규정하고 이야기를 풀어갈 것이다.

그렇다면 왜 위의 세 가지 관계가 현장체험학습교육에 있어 그토록 중요한 것인가? 그에 대한 답은 뜻밖에도 간단하다. 길 위 교육의 목적은 현장으로 떠나는 사람을 '사람다운 사람'으로 만드는 것에 있으며, 그런 목적에 위 세 가지 관계가 잘 부합하기 때문이다.

왜 그런가?

사람은 사람다울 때 사람으로서 제구실할 수 있을 텐데, 길 위 교육은 자연과 사회, 사람의 세 가지 관계를 다 만나게 되니 자연스레 사람다움을 배우고, 익히는 공간이 되기 때문이다.

그렇다면 여기서 말하는 '사람다운 사람'이란 대체 어떤 사람을 일컫는가?

첫째, '자연을 닮은 사람'이다. 자연을 닮은 사람이란 어떤 사람인가? 콘크리트로 둘러싸인 도시에서 살아가는 우리는 인공과 가공에 젖은 사람이라 할 수 있다. 현대사회의 인공과 가공은 대체로 자연을 거스르는 특징을 갖고 있다. 그러므로 본래의 모습으로 돌아가기 위해선 흙과 돌, 풀과 나무, 새와 짐승, 산과 내, 강과 바다, 하늘과 구름, 바람과 공기가 전해주는 소리와 이야기에 귀를 기울여야 한다. 때가 되면 철이 바뀌고, 때에 따라 자연현상이 오가며, 때에 맞춰 꽃과 나무, 새와 짐승이 나타나는 모습을 통해 자연의 법칙을 배울 필요가 있다. 사람다운 사람은 자연의 질서에 따르는 삶을 사는 사람이다. 자연과의 만남을 통해 우리는 비로소 자연을 거스르지 않게 되며, 내 자신이 어떻게 살고 있는지, 내가 어떻게 살아가는 게 바람직한지를 배우고, 익히며 깨닮게 된다. 그런 의미에서 자연은 우리의 위대한 스승이요, 사람이 사람답게 사는 법을 스스로 일깨우도록 해주는 훌륭한 학교라 할 수 있다. 그래서 사람다운 사람이란 자연을 닮은 사람이 되는 것이다.

둘째, '어린이를 닮은 사람'이다. 어린이는 때 묻지 않은 마음, 순수하고 깨끗한 마음을 지녔다. 열린 태도와 자세를 가지며, 누구와도 차별없이 동등하게 만나고, 서로 스스럼없이 친하게 지내는 넓은 포용력을 지녔다. 그것은 어쩌면 우리가 본받고 나아가야 할 성인의 모습이다. 이해득실을 따지는 관계에서 벗어나 자연처럼 사는 사람, 저만 챙기는 게 아니라 더불어 사는 사람, 어렵거나 아픈 사람을 보면 망설임 없이 소매를 걷는 사람, 내 소중한 것을 기꺼이 다른 사람과 나누는 사람, 애써 부탁하지 않아도 스스로 손을 내미는 사람, 그런 사람의 마음과 삶이 바로 어린이의 마음, 어린이의 삶이 아니겠는가? 그런 사람의 삶을 보면서 우리의 삶을 되돌아보는 건 당연한 일이다. 길 위 교육에서 사람다운 사람을 기른다는 것은 사실 어린이를 닮은 사람으로 키우자는 것과 마찬가지다.

앞서 사람다운 사람을 육성하기 위해 길 위 교육이 존재한다고 했다. 물론, 그런 목적을 달성하기 위해선 위의 세 가지 관계 말고도 다른 관계가 더 있을 것이다. 교사의 자세와 마음가짐도 그 중 하나다. 교사가 아이를 데리고 현장으로 떠날 거라면 사람다움을 기르는 교육목적을 새삼 머리에 아로새길 필요가 있다. 그런 태도와 정신으로 현장에 나선다면 현장체험학습은 우리 아이를, 우리 어른을 사람다운 사람으로 가꾸어 가는데 톡톡히 한 몫 할 것이다.

현장체험학습은 이렇듯 과거로부터 전해오는 자연과 역사의 관계를 현장에서 사람 관계를 통해 생생하게 풀어낸다는 이점이 있다. 그런 장점을 바탕으로 현장의 환경과 조건을 백분 살릴 때 비로소 길 위 교육은 여행을 통한 인성 학교로써의 제 역할을 다하게 된다.

아무튼, 이 책은 길 위 교육을 통해 우리 아이와 어른이 새로운 희망, 새로운 사회를 일구어가는데 조금이라도 이바지했으면 하는 바람에서 내는 것이다.

팔공산 자락에서

1. 이 책에선 실내와 실외에서 이루어지는 모든 체험활동을 '현장체험학습'으로 통일해 쓴다. 이르자면 현장체험학습, 현장체험활동, 체험활동, 체험학습, 답사, 여행 따위가 그것이다. 단, 머리말과 제목, 맺음말을 뺀 본문에서는 독자의 편의를 위해 '체험학습'으로 줄여 쓴다. 또한, 필요할 때는 여러 용어를 같이 쓰기도 하였다.

2. 이 책은 필자의 경험을 이론화시킨 책이므로 참고한 문헌이 많지 않지만, 본문 끝에다 참고한 문헌을 제시하였다.

3. 본문 내용에 보충 설명이 필요하다 싶으면 간단히 주를 달았다.

4. 외국어의 경우에는 소리 나는 대로 쓰는 걸 원칙으로 하나 반드시 외국어 표기를 따르진 않았다. 또, 독자를 고려하여 어떤 단어는 한글맞춤법표기를 따르지 않은 경우도 있으며, 어떤 단어는 영어 약자를 그대로 가져다 쓰기도 했다.

5. 기호나 부호는 따로 한글로 표현하지 않고 그대로 표시하였다.

현　　　장
체 험 학 습
가　이　드

| 차 례 |

머리말 · · · · · · · · · · · · · 4

일러두기 · · · · · · · · · · · · · 10

1장 현장체험학습

1. 현장체험학습의 대강 · · · · · · · · · 17
현장체험학습의 정의와 필요성 | 현장체험학습의 애로 | 현장체험학습의
방법 | 현장체험학습의 내용

2. 현장체험학습의 단계 · · · · · · · · 25
3단계 현장체험학습 | 5단계 현장체험학습 | 7단계 현장체험학습

2장 현장체험학습을 떠나기 전

1. 현장체험학습 계획서 짜기 · · · · · 32
현장체험학습의 개요 짜기 | 현장체험학습 준비하기

2. 사전학습 · · · · · · · · · · · · · 41
현장체험학습의 어려움 | 체험활동과 관련된 연관학습 | 확실하지 않은

부분에 대한 학습 | 충실한 사전학습과 현장에 대한 사전답사

3. 사전답사 · · · · · · · · · · · · · 50
현장체험학습을 위한 밑그림 | 체험현장의 실태 및 안전조사

4. 교재와 교안, 교구 및 사전수업 · · · 55
교안(학습지도안) | 교재 | 교구 | 사전수업

5. 준비물 · · · · · · · · · · · · · · 72
공동준비물 | 교사 개인준비물 | 아이 개인준비물

6. 교사의 특별준비 · · · · · · · · · 82
교사의 마음가짐과 자세 | 교사의 의무와 역할

3장 현장체험학습을 떠나며

1. 모이는 곳에서 · · · · · · · · · · 95
준비물 확인 | 인사 나누기 | 인원확인 | 좌석배치 | 출발 후 아이상
태 확인

2. 오가는 길에서 · · · · · · · · · · 102
가는 차안에서 | 오는 차안에서 | 휴게소에서 | 운전기사

3. 안전과 응급상황대처 · · · · · · · 115

차량안전 | 건물 혹은 시설안전 | 놀이안전 | 질병예방 | 안전사고
처치

4. 체험현장에서 지켜야 할 원칙 · · · · 123

서로의 관계를 보게 하라! | 현상보다는 본질을 보게 하라! | 보는 기준
과 관점을 바꾸어라! | 숲과 나무를 모두 보게 하라! | 열린 마음으로
아이를 만나라! | 머리가 아닌 가슴으로 움직여라! | 오감으로 느끼도록
힘써라! | 말보다는 몸으로 만나라! | 체험활동의 교수법을 바꾸어라! |
아이 스스로 하게 하라! | 집중할 수 있는 분위기를 만들어라! | 눈높이
교육을 하라! | 지나치게 보호하지 마라! | 문화유산해설사 과정에 나타
나는 원칙!

5. 현장체험학습의 유형 · · · · · · · · 152

역사체험 | 생태체험 | 과학체험 | 문화예술체험 | 생업체험 | 여
행 여가체험 | 현장체험활동의 모둠유형

6. 체험현장에서 아이랑 벗하기 · · · · 200

아이끼리 싸우면서 지독한 욕설을 퍼부을 때 | 자기밖에 모르는 아이를
대할 때 | 아이를 칭찬할 때와 나무랄 때 | 아이를 때릴 때 | 아이끼리
서로 갈등을 빚을 때 | 아이가 버릇처럼 욕을 쓸 때 | 음식물을 앞에 뒀
을 때 | 주의가 산만해 집중이 안 될 때 | 체험현장의 체험활동에 무관
심할 때 | 아이가 자기 마음대로 할 때 | 여자 선생님을 깔보거나 무시
할 때 | 아이랑 벗이 되는 현장수칙

4장 현장체험학습을 다녀와서

1. 현장체험학습 후 활동 · · · · · · · 228

글쓰기 | 그리기 | 만들기 | 공연하기 | 정보 알기 | 자료집 만들기
| 전시하기

2. 평가 · · · · · · · · · · · · · 244

현장체험학습 전 활동 평가 | 현장체험학습 중 체험활동 평가 | 현장체
험학습 후 활동 평가

맺음말 · · · · · · · · · · · · 252

참고자료 · · · · · · · · · · · · 254

| 1장 | 현장체험학습

학교 안팎의 교사가 겪는 공통의 어려움이 있다. 바로 교육의 한 주체로서 교육이란 행위에 대한 고민이다. 교육이란 실로 평생을 살아가면서 사색하고, 연구하고, 생각하고, 학습해도 쉽사리 풀리지 않는 수수께끼와 같다. 참으로 어렵고, 힘들고, 떨리고, 두렵고, 가슴 아프고, 망설여지는 게 교육이다. 마음에서 우러나오는 설렘과 가슴 벅참, 기대와 희망에 부풀어 교직의 발걸음을 힘차게 앞으로 내딛다가도, 한순간 돌아서서 돌이켜보면 가슴이 덜컹 내려앉고, 숨이 멈출 성싶고, 등줄기와 이마에서 식은땀이 흘러내리는 게 교육현장이다. 아마 이런 현상은 교육의 대상이 고정된 사물이 아니라 끝없이 바뀌는 사람을 상대로 하기 때문에 일어날 것이다. 그러니 교육은 호락호락하지도 않거니와 결코 만만한 상대도 아님을 의미한다. 그래서 선구자는 일찌감치 교육을 백년대계로 여겨 그토록 교육의 소중함과 중요함을 강조한 것이리라. 그렇다면 현장체험학습(이하 체험학습)은 또 어떨 것인가?

1. 현장체험학습의 대강

1) 현장체험학습의 정의와 필요성

체험학습이란 무엇일까? 한마디로 정의하자면 체험학습은 자연과 사람 관계를 통한 자기발견의 교육이다! 여기에는 아이도, 어른도 예외가 없다. 체험학습에서는 교사와 학생, 어른과 아이가 모두 이 관계를 통해 서로 영향을 미치면서 발전하게 돼 있다. 그러니 관계의 발전과 성장을 위해서라도 체험학습의 중요성을 새삼 강조할 필요가 있다.

그렇다면 체험학습이 왜 중요한 걸까?

체험학습은 다양한 관계를 통해 서로 영향을 주고받는다 했다. 그러면 적어도 편견을 갖거나, 외길로 나아가는 생각이나 사고, 행위를 예방할 가능성이 높다. 사람은 저마다 개성이나 성격, 외모나 성장환경, 소유한 부와 능력이 다르지만 그런 것들이 어떤 사람의 삶을 평가하는 절대적 잣대가 될 순 없다. 왜냐하면, 삶에 있어서 중요한 것은 누구에게나 마찬가지로 '내 삶'이기 때문이다. 또한, 내 삶이 소중하듯 당신의 삶, 우리 모두의 삶이 죄다 소중하기 때문이다. 결국, 우리의 삶이 어떤 삶을 살았느냐, 우리의 삶이 얼마나 사람다움, 아이다움에 있느냐에 따라 사람의 삶을 평가하는 것이 바람직할 것이다. 그런 것처럼 사람과 자연, 사람과 사회의 관계에 있어서도 편견이나 외골수에서 벗어나 다양한 사고와 생각, 상대에 대한 배려와 이해를 북돋울 수 있다면 사람은 누구나 자연과 함께, 사회와 더불어 살아갈 수 있다. 체험학습은 이처럼 자연과 같이 사는 법, 사람끼리 어울려 사는 법을 은연중에 배우고 익히게 된다.

그럼 체험학습은 언제부터 시작하는 게 좋을까?

자연이나 역사, 문화나 삶을 찾아가는 체험활동은 구체적인 체험내용의 수준, 체험방법의 정도에 따라 대상연령을 정할 수도 있다. 그러나 대개는 어려서부터 자연스레 접하는 것이 좋다. 코흘리개부터 유물·유적 나들이를 시작한 아이는 역사의식이 형성되기가 쉽다. 마찬가지로 어려서부터 풀꽃과 나무, 곤충과 동물을 접한 아이가 자연을 생각하고, 환경을 고민하는 의식이 생겨나기 쉬운 법이며, 어려서부터 기기나 기구를 자주 만져본 아이가 과학자나 기술자가 될 확률이 높음은 물어볼 필요도 없다. 그러니 체험학습은 특정한 연령을 정해 그 연령을 기준으로 해야지만 뭘 제대로 알 수 있는 학습활동이 아니다. 그보다는 어려서부터 누구나 자연스레 접하고, 만나고, 행하고, 즐길 수 있는 학습활동이므로 특별한 사정이 없다면 굳이 연령에 제한을 둘 필요는 없다.

2) 현장체험학습의 애로

체험학습 또한 교육인지라 교사에게 어렵고 부담스럽기는 여타 교육과정이나 교과목과 마찬가지다. 그래서 부담을 조금이라도 덜기 위해 체험현장으로 떠나는 날 아침이면 마음을 다잡고, 어떻게 하면 더 재미있고, 더 신나게 즐길 수 있을까를 생각함이 좋다. 짐짓 거울을 보며

씩 웃기도 하고, 일부러 큰 소리로 껄껄껄 웃기도 하고, 아이들과 신나게 잘 놀 수 있다고 자기암시를 강하게 준다. 그러면 몸과 마음이 다소나마 편안해진다.

물론, 그렇게 아침을 연다고 해서 그날의 체험학습이 늘 성공리에 마치는 건 아니다. 미리 현장에 대해 공부하고, 계획을 세우고, 일정과 준비물에 대한 점검을 꼼꼼히 했더라도 현장에서 아이들이랑 행복한 체험학습을 즐기기란 말처럼 쉬운 것이 아니다. 현장에는 우리가 점검해야 할 사항이나 체험할 거리가 워낙 많은 데다 언제, 어디서, 누가, 어떤 사건·사고를 일으킬지 아무도 모르기 때문이다.

실제로 체험학습에 나선 교사라면 적어도 한 차례 이상 본인이 교사로서의 자질이나 품성이 안 된다 싶어 체험학습을 회피하려 한 경험이 있을 것이다. 그리고 즐겁고 신나는 체험학습을 왜 이끌지 못하나 싶어 괴로웠던 적도 있을 것이다. 또는, 현장에서 만나는 아이에게도 미안하고, 자녀를 맡긴 학부모에게도 송구스런 적이 있을 것이다. 이처럼 체험학습을 떠나면 체험학습이 즐거움으로 다가오는 게 아니라 또 다른 업무로 변하는 통에 종종 어려움과 난관에 부딪히게 된다. 때로는 골칫거리로 등장하기도 한다. 그러나 그렇다고 해서 체험학습에 지레 겁을 먹거나, 포기할 필요는 없다. 왜냐하면, 체험학습 또한 교육의 백년대계 중 하나이고, 교육은 언제까지고 인류의 숙제이기 때문이다. 비록 어려운 여건과 환경이지만 좀 더 노력한다면 얼마든지 개선방향을 찾을 수 있다.

　무엇보다 체험학습을 성공으로 이끌려면 준비부터 마무리까지 잠시도 긴장의 끈을 놓지 말아야 한다. 현장으로 떠나기 전 준비활동, 현장에서의 체험활동, 돌아와서 마무리활동까지 성실하게 임하면 반드시 좋은 성과를 거둘 수 있다. 게다가 체험현장은 교사의 의지나 노력에 덧붙여 그 자체로도 애들에게 뭔가 변화를 선사한다. 아이 눈에는 가는 곳마다 만나는 모든 게 다 새롭고 신기할 뿐이다. 애들은 어른과 달리 자기만의 새로운 경험을 겪게 된다. 전에 가 본 곳이라 하더라도 갈 때마다 그 보는 내용과 눈이 다르니 역시 새롭긴 마찬가지다. 이처럼 현장에는 늘 새로운 세상, 새로운 만남, 새로운 경험, 새로운 관계가 기다리고 있으므로 교사가 준비만 착실히 한다면 체험학습의 어려움에서 완벽하게 벗어나진 못하더라도 얼마든지 좋은 성과를 기대할 수 있다.

3) 현장체험학습의 방법

체험학습의 방법으로는 어떤 게 있을까? 체험학습에서 우리가 집중할 핵심은 다음과 같다.

첫째, '객관세계'를 있는 그대로 보는 법을 배우는 것이다. 우리 눈에 보이는 세상을 있는 그대로 바라보기! 그것을 배울 필요가 있다. 그래야 진실을 숨기거나, 거짓을 퍼뜨리거나 하지 않고, 진실은 진실대로, 거짓은 거짓대로 볼 수 있는 눈을 기를 수 있다. 눈에 보이는 세상을 있는 그대로 볼 때 아울러 눈에 보이지 않는 세상, 이를테면 아이의 마음이나 교사의 마음처럼 눈에 보이지 않는 것 또한 볼 수 있는 눈을 기를 수 있다. 주관세계를 잘 보려면 객관세계부터 있는 그대로 보아야 한다.

둘째, '갖가지 관계'와 그런 관계로부터 공존공영이 이루어짐을 익히는 것이다. 관계는 자연과 사람의 관계, 사회와 사람의 관계, 사람과 사람의 관계가 대표적인데, 체험학습에서는 그 모두를 충족시키는 법을 골고루 익힐 수 있다. 체험현장은 좋건 싫건, 자연과 역사, 사회와 사람 속에서 부대끼며 움직일 수밖에 없는 환경을 제공하며, 이런 관계 맺기는 다양성의 인정을 바탕으로 조화와 균형을 기르는 것에 도움이 될 수밖에 없다.

셋째, '또래문화'를 형성하면서 자유와 민주, 평등과 공정을 배우는 것이다. 또래끼리 서로 모여 현장으로 떠나는 것은 사회의 작은 부분이요, 사회를 배워가는 중요한 과정이다. 또래라 함은 비슷한 나이를 말하는 것이며, 비슷한 나이에는 동갑내기라는 수평 관계도 있고 선후배라는 수직 관계도 있다. 그 수평과 수직 관계를 모두 배우는 것이 또래

문화다. 체험학습에서는 나만을 고집하는 것이 아니라 내가 소중한 만큼 다른 친구도 소중하다는 것을, 사람만 중요한 게 아니라 자연도 중요하다는 것을 버릇처럼 익혀야 한다.

넷째, '스스로 문화'를 배우는 것이다. 더불어 사는 법을 익히면서도 누구에게도 기대지 않고 저 스스로의 힘으로 일어서는 법을 깨치는 것이다. 때로는 힘을 모아 공동체를 형성하고, 때로는 스스로 사는 법을 익힌다. 이는, 다른 사물이나 사람으로부터 무엇을 빼앗거나 해치지 않고, 자기 스스로의 힘으로 삶을 가꾸는 법을 배울 때 가능하다. 스스로 제 삶을 가꾸는 법을 배운 뒤에는 그 삶을 나누는 걸 익히게 된다. 제 삶을 가꿀 줄 아는 사람은 제 삶을 나누는 것도 기꺼이 준비한다.

다섯째, '변화하는 세상 읽기'를 배우는 것이다. 자연이나 역사현장, 농촌과 어촌 같은 생업현장, 예술이나 문화체험 현장처럼 장소에 구애됨이 없이 변하는 세상을 제대로 볼 수 있는 실력을 기를 필요가 있다. 또한, 새벽이나 아침, 낮이나 밤, 봄이나 여름, 가을이나 겨울처럼 그 시간을 가릴 것 없이 시시각각 사람과 사물은 늘 바뀐다는 안목도 길러야 한다. 세상은 고정된 것이 아니라 수시로 변하고 있음을 자연과 역사, 사회현장의 곳곳에서 그리고 시간의 흐름 속에서 보고, 듣고, 겪고, 하고, 느끼도록 함으로써 우리 또한 그러한 변화에 따라 제 삶을 가꾸도록 연습한다.

여섯째, '숲과 나무' 보기를 배우는 것이다. 저마다 보는 눈에 따라 인생을 살아가는 삶이 바뀌는 것은 당연한 일이다. 그렇다면 우리 아이가 올곧게 자라기 위해서라도 나무만 보고 숲을 보지 못하는 어리석음, 숲만 보고 나무의 소중함을 모르는 무지에서 벗어나도록 도와야 한다. 다행히 현장으로 나서면 나무와 숲을 모두 볼 수 있는 기회가 제법 많다. 하나만 알고 둘은 모르는 일이 없도록 숲과 나무를 모두 보는 훈련을 되풀이하면 자연스레 본질과 현상을 읽는 능력이 길러진다.

4) 현장체험학습의 내용

체험학습의 의미와 원칙이 제아무리 잘 돼 있다 하더라도 그 내용이 충실하지 않으면 무용지물이다. 그렇다면 체험학습의 내용은 어떻게 할 때 충실하게 만들 수 있을까?

첫째, 교사 스스로가 체험학습에 대한 목적과 목표, 내용을 분명히 세우는 것이다. 체험학습을 통해 얻을 게 무엇인지, 현장에서 풀어나가야 할 활동과 학습은 무엇인지, 어떻게 하면 즐겁게 진행할 수 있을지에 대한 준비와 확신이 필요하다. 준비와 확신 없이는 좋은 체험학습이 불가능하다.

둘째, 아이에 대한 이해와 애정이다. 현장으로 나가서 어떻게 할 때 우리 아이를 건강하게, 튼튼하게, 올곧게 자라도록 할 수 있을까를 언제나 생각하는 것이 좋다. 아이를 제대로 알지 못하면 현장에서 아이와 갈등을 빚을 수밖에 없고, 그 피해는 고스란히 아이와 교사가 떠안기 마련이다. 그런 불상사를 막으려면 아이에 대한 이해와 애정이 반드시 필요하다.

셋째, 교안과 교재, 교구처럼 교수법과 관련된 도구와 수단이다. 교안과 교재, 교구는 체험현장에서 체험 내용을 더 깊이, 더 넓게 하는데 도움을 준다. 즉, 교사에게는 현장에서 나아가야 할 방향과 내용에 대한 자신감과 용기를 제공하고, 아이에게는 현장의 체험에 대한 이해와 인식을 더 쉽게 할 수 있도록 한다.

넷째, 현장의 체험대상이다. 현장에서 겪을 체험은 아이에게 여러 가지로 영향을 미친다. 체험활동의 경험이 긍정적일 때는 아이의 삶에 긍정적인 영향을 미치지만, 반대로 부정적일 때는 부정적인 영향을 미치게 된다. 좋은 체험은 좋은 교과서, 좋은 교사와 다름없으므로 현장의 체험에 대하여 관심을 두고 모니터링을 해야 한다.

다섯째, 현장의 분위기다. 교사 스스로 확신도 섰고, 교안과 교재, 교구가 잘 갖추어져 있고, 아이에 대한 이해와 애정도 깊고, 현장의 체험에 대한 분석도 끝났다면 이제 씨앗을 싹 틔울 차례다. 체험학습은 교사나 아이의 기분, 그날의 분위기에 따라 교육 효과가 천차만별이다. 긍정적인 분위기는 혹시나 모를 부정적인 사건, 사고에도 아랑곳하지 않고 체험활동에 모두의 관심을 집중시키는데 보탬이 된다. 그러므로 현장에서는 늘 밝고, 즐겁고, 신나고, 재미있고, 명랑한 분위기를 조성할 필요가 있다.

이처럼 체험학습의 내용은 단순히 현장의 내용을 전하기보다 현장을 둘러싼 제반 관계를 살피도록 함으로써 교사와 학생 모두의 발전을 이끌도록 함이 좋다.

2. 현장체험학습의 단계

체험학습은 오늘날 모든 연령층에 골고루 이루어지고 있다. 여기서는 유아 혹은 초등학생처럼 체험학습을 처음 시작하는 세대를 중심으로 살펴본다.

체험학습이 아무리 소중하고, 필요한 일이라 해도 모든 어른이나 아이가 체험학습을 좋아하는 건 아니다. 체험학습이 싫은 사람도 있다. 체력이 약해 혹은 다른 사정으로 말미암아 체험학습이 싫은 사람, 체험현장에서 고생한 경험이 있는 사람, 집만 벗어나면 모든 게 두려운 사람, 사람들과 어울리기 싫어하는 사람이 그렇다. 여전히 부모 품에서 벗어나기를 싫어하는 아이도 있을 것이고, 아이에게 매달리는 부모라면 아이 또한 부모에게 기대는 게 버릇이 돼 있으므로 쉽게 집을 나서진 못할 것이다. 하지만 아이가 힘에 부치지 않는 한, 될 수 있으면 빨리 체험학습을 경험하는 것이 좋다. 왜냐하면, 현장을 경험한 만큼 아이가 세상을 보는 눈이 깊어지고, 넓어지기 때문이다. 책에서만 보던 것, TV에서만 보던 것을 스스로 보고, 듣고, 겪고, 해 볼 수 있다면 확실히 아이의 경험과 지식, 지혜는 그만큼 혹은 그 이상 확장된다. 아이에게 무리가 되지 않는다면, 아이의 안전과 무관하다면, 졸속으로 서두르지 않는다면 체험학습은 일찍 시작할수록 얻는 것이 많다.

그런 점을 고려해 몇 가지 단계를 설정하여 현장에서 접근하면 체험학습의 성과를 높이는데 도움이 된다. 단, 이런 기준은 어디까지나 참고할 사안이지 절대적인 기준은 아니다. 그렇지만 이런 기준을 세운다면 현장에서의 시행착오나 어려움을 해결하는데 퍽 도움이 된다.

실제로 체험학습이 한두 차례 이어지면서 아이의 일상생활로 정착되면 아이에게 서서히 놀라운 변화가 생긴다. 체험학습이 일상이 된 아이는 체험학습을 떠날 때 그 준비에서부터 마무리까지 스스로 알아서 곧잘 한다. 또, 현장에서 체험활동을 하는 내내 자기의 생각을 말하고, 끝없이 질문하고, 스스로 알아가는 과정과 모습을 보여준다. 일정만 알려주면 그다음부터는 알아서 척척 하는 수준으로 나아가는 거다. 물론, 그런 모습을 기대하려면 오랫동안 체험현장에 대한 훈련이나 경험이 되풀이될 때 가능하며, 당연히 모든 아이가 다 그렇다는 것도 아니다. 그렇지만 단계에 대한 경험이 풍부한 아이일수록 확실히 스스로 해나가는 능력이 배양되는 것은 분명하다.

1) 3단계 현장체험학습

이 접근법은 가장 간단하면서도 반드시 거쳐야 하는 단계로 구성돼 있다. 어떠한 체험학습이건 현장으로 떠날 때 이 단계들 즉, 준비와 현장, 마무리란 3단계로부터 벗어날 수 없다.

① 1단계 - 준비

체험학습의 목적에 따라 필요한 사전학습과 준비물, 체험의 종류와 방법, 일정의 검토 및 확정을 결정짓는 단계다. 준비과정의 충실도에 따라 체험학습의 성패가 결정된다고 할 만큼 중요한 단계다.

② 2단계 - 현장

현장에서 체험활동이 이루어지는 단계다. 현장의 체험대상과 내용이 포함되는데, 그 체험내용과 방식, 현장 분위기에 따라 체험학습의 재미나 보람이 결정된다.

③ 3단계 - 마무리

현장을 다녀와서 그 체험활동과 관련된 체험학습 후 활동을 하며, 필요한 과제와 대책을 마련하는 단계다. 이 단계의 충실도에 따라 체험학습의 성과 또한 굳어진다.

2) 5단계 현장체험학습

앞선 3단계 방식이 체험학습에 접근하는 기본 형태라면 5단계 방식은 위 3단계 중 1단계와 2단계를 좀 더 세분화시킨 방식이다.

① 1단계 - 접근

이 단계는 현장과 친해지기 위한 단계, 곧 체험활동으로 나아가기 위한 준비단계로 아이가 현장의 체험활동에 대한 흥미를 느끼도록 하는 것이 관건이다. 체험활동의 목적과 내용, 장소와 일정에 대한 정보를 가볍게 살펴봄으로써 현장에 대한 불안감과 두려움, 걱정과 근심을 떨쳐버리고, 현장에 대한 기대감과 호기심을 불러일으키는 거다. 주의할 점은 호기심을 불러일으키는데 만족해야지, 지나치게 사전학습을 시키는 것은 현장으로 떠나기도 전에 아이를 지치게 하므로 피하는 것이 좋다.

② 2단계 - 관심

아이가 현장에 대한 관심을 충분히 가질 수 있도록 북돋우는 단계다. 접근을 가볍게 시도한 뒤에는 관심 부분을 좀 더 끌어 올리는 활동을 한다. 이르자면 아이가 흥미를 느끼는 부분에 관해서 스스로 책을 읽는 환경을 조성한다거나, 교사와 그 부분에 관해서 이야기를 주고받거나 하는 경우다. 그런 다음 더 상세한 내용은 현장에서 체험활동을 통하여 알아가도록 한다. 때때로 이 단계에서도 학습이 너무 충실히 된 나머지 정작 현장에서는 아이가 그 체험에 대하여 소홀히 하거나 흥미를 잃는 경우가 종종 있으므로 주의해야 한다.

③ 3단계 - 재미

이 단계는 현장에서 슬슬 체험활동에 재미를 붙여가는 단계다. 재미있게 체험활동이 진행되도록 현장에 있는 모든 것을 활용하여 아이 스스로 현장을 자세히 살펴볼 수 있도록 도움을 제공한다. 체험현장을 자세히 들여다보고, 모르는 것은 질문과 대답을 통해 관심을 끌어올리며, 현장의 구석구석까지 구체화된 질문으로 궁금증을 유도하여 체험활동의 맛을 느끼게끔 이끌어내는 단계다.

④ 4단계 - 성숙

아이가 현장의 체험활동을 스스로 즐기며 감상하는 단계로, 이 단계에 이르면 아이는 현장의 맛을 아주 깊이 느끼게 된다. 신나고 즐거운 체험학습이란 말 그대로 아이는 체험학습이 신나고 즐겁다. 때로는 아이 스스로 현장에서 여백 읽기까지 해내는 수준으로 올라서기도 한다. 현장을 둘러보면서 저만의 관찰력과 판단력을 형성하며, 잠시 생각에 잠기기도 한다. 그러므로 아이를 위해 폭넓고, 속 깊은 대화를 나눌 준비를 갖추어야 한다.

⑤ 5단계 - 완성

체험학습의 완성은 역시 마무리활동에 있다. 체험학습을 마친 다음 아이의 흥과 감정이 사라지기 전에 체험학습 후 활동을 함으로써 체험학습에 대한 마침표를 찍게 된다. 체험활동의 결과는 고스란히 마무리활동의 결과물로 남게 된다. 교사와 아이 모두 체험학습을 새삼 돌아보는 기회가 되며, 체험활동에 대한 자신감 형성은 물론 더 나은 체험활동을 위한 다짐을 할 수 있다.

3) 7단계 현장체험학습

이 방식은 문화유산해설사 양성과정에서 활용하는 방식을 응용한 것인데, 앞서 살펴본 기본 3단계 중 1단계인 준비를 강조하는 방식이다.

① 1단계 - 조사연구

체험학습과 관련된 정보와 학습자료, 이야깃거리를 수집한다. 정보와 자료를 체험목적에 맞추어 최대한 모은 다음에 목적 실행에 부합되는 내용을 추려서 정리한다.

② 2단계 - 주제설정

체험학습의 주제를 구체화하는 과정이다. 보기로 역사답사라면 역사성에 주제를 집중할 수도 있고, 문화유산의 예술성이나 현장답사지의 교육성에 방점을 둘 수도 있다. 물론, 그런 지점을 통합하여 주제를 설정할 수도 있다. 중요한 것은 목적에 따른 주제 설정을 명확히 한다는 거다.

③ 3단계 - 시나리오작성

체험현장에서 원활한 움직임을 위해 바람직한 동선을 짠 다음 그에 걸맞게 현장시나리오를 준비한다. 될 수 있으면 시간대별로 활동 일정을 작성하고, 활동마다 필요한 체험준비물이나 체험방향, 체험핵심을 정리해서 체험현장에서의 활동 기본지침으로 활용한다.

④ 4단계 - 사전답사

체험현장에 대해 사전답사를 한다. 작성한 시나리오에 따라 현지답사를 하면서 부족한 부분, 개선할 부분, 새로 추가 혹은 삭제할 부분을 점검한다. 예상한 일정이나 준비물, 방향이나 내용의 핵심이 올바른지 꼼꼼히 점검할수록 체험학습 당일에 도움이 된다.

⑤ 5단계 - 시나리오수정

현장에 대한 사전답사를 통하여 점검한 여러 경우를 참작해 기존의 현장시나리오를 수정한다. 수정한 현장시나리오는 체험학습 당일에 그대로 적용하는 것이므로 체험현장에서 무난히 실행할 수 있도록 고친다. 특히, 아이의 체험활동에 초점을 맞추어야 체험활동이 부실해지지 않음을 명심하면 멋진 시나리오가 완성된다.

⑥ 6단계 - 현장진행

모든 준비를 마치면 체험학습 현장에서 실제로 체험활동을 진행하게 된다. 안전과 체험내용에 집중하는데, 현장에서 필요한 부분에 대한 설명이나 방법을 교사가 할 수도 있고, 전문가 혹은 관계자의 도움을 받아 진행할 수도 있다.

⑦ 7단계 - 평가

체험학습을 마친 다음 체험활동의 내용 중 개선할 것, 체험활동 기간 중 아이의 반응과 지도에 대한 적절성, 현지에서 한 설명과 안내자의 문제, 동선이나 부대시설 활용, 안전 등에 대해 평가를 한다.

| 2장 | 현장체험학습을 떠나기 전

무릇 어떤 일이건 성공으로 나아가기 위해선 그 준비부터 꼼꼼히 하고 볼 일이다. 그건 체험학습도 마찬가지다. 체험학습을 성공으로 이끌기 위해서 그 준비를 탄탄히 해야 한다는 사실은 아무리 강조해도 지나침이 없다. 체험학습의 성패는 떠나기 전 준비에 달려있다. 체험학습이 본래의 목적을 충분히 달성하려면 반드시 그 첫걸음을 잘 내딛어야 한다. 그 첫걸음은 현장으로 떠나기 전에 해야 할 준비이다.

1. 현장체험학습 계획서 짜기

체험학습을 떠나기 전에 가장 먼저 해야 할 일은 '체험학습 계획서'를 짜는 거다. 어릴 적 방학 때면 으레 방학계획서를 짜본 경험이 대한민국 어른이라면 누구나 있을 것이다. 지금 돌이켜보면 억지로 짠 형식적인 방학계획서가 얼마나 엉터리인지는 누구나 잘 알 것이므로 체험학습 계획서를 짤 때는 엉터리가 되지 않도록 정성을 다해 알찬 계획을 세우도록 한다.

1) 현장체험학습의 개요 짜기

체험학습 계획서에는 어떤 내용이 들어가야 할까? 계획을 세우기 전에 먼저 체험학습을 어떻게 준비할 것인지부터 생각해보자. 이번 체험학습은 어떤 목적과 내용으로 채우는 게 좋을지, 그에 합당한 현장이나 일정, 인력은 어떻게 하면 좋을지를 판단한다. 그런 다음 형편과 처지에 맞추어 보다 더 세세한 계획을 짜면 된다.

① 목적 정하기

체험학습이 성공리에 마치려면 그 체험의 목적이 무엇인지 명확해야 한다. 거의 모든 체험활동은 교과서에 나오는 내용을 보다 심화시키기 위한 것, 교과서 밖의 살아있는 지식과 경험을 얻기 위함이 대부분이다. 그런 사정에 따라 목적을 명확히 정하면 된다. 목적도 뚜렷하지 않은데, 체험학습이 잘 된다는 것은 앞뒤가 맞지 않는다.

목적이 분명하지 않을 때는 그 체험활동을 추진하는 배경에 대하여 헤아려보자. 그러면 그 배경에 숨어있는 필요성, 목적을 찾아낼 수 있다. 만약, 그 배경에서마저 목적을 찾을 수 없다면 스스로 그 체험활동을 왜 하는지 심각하게 자문해보자. 그래도 목적이 뚜렷하지 않을 때는 그 체험활동을 포기하는 것도 고려하자. 아무런 의미도 없이 떠나는 것은 아무런 일없이 오가겠다는 것이니 어떠한 성과도 기대할 수 없다.

그러나 체험학습의 목적이 나오지 않는 경우는 거의 없으므로 목적을 정하는 것은 그다지 어렵지 않다. 문제는 그 목적을 형식으로만 짤 것인가, 실제로 필요한 것을 목적으로 정하여 그에 맞는 내용과 일정을 채울 것인가 하는 것이다.

목적이 정해지면 현장에서는 그 목적에 따라 내용과 형태를 짜는 게 좋다. 이르자면 역사문화체험으로 할 것인가, 생태환경체험으로 할 것인가, 과학실험체험으로 할 것인가, 박물관체험으로 할 것인가를 정하면 된다. 간혹, 여러 가지 주제를 섞어서 현장으로 떠나는 일도 있는데, 지나치게 많은 주제가 섞이면 도리어 혼돈을 초래한다. 주제는 하나 혹은 둘 정도가 무난하다.

② 체험활동 고르기

체험학습의 목적이 정해지고 난 다음에 할 일은 체험활동을 정하는 일이다. 목적을 달성하기 위해 어떤 체험활동이 좋을지 판단해야 하는데, 이때 몇 가지 원칙이 필요하다. 학년에 따라, 체험활동의 종류에 따라, 거리나 계절에 따라 적절한 활동을 찾아내는 것이다.

괜찮은 방법 하나를 추천하자면, 체험활동을 고를 때 복수로 정하라는 거다. 체험활동의 선정은 전문가나 전문단체의 도움을 받거나, 아니면 책이나 각종 인쇄매체 혹은 방송이나 인터넷의 정보에 자문할 수도 있다. 그도 아니라면 정부기관이나 지방자치단체에 협조를 요청해 도움을 얻을 수도 있다. 그렇게 조사를 하여 체험활동을 정하되, 처음부터 한 곳을 못 박지 말고, 학년과 목적, 거리와 시간에 맞춰 두 곳 이상의 체험활동을 정하자. 그다음 선택한 복수의 체험활동에 대해 상호비교를 하면 장단점 파악이 쉽다. 최종선택은 시간을 갖고 여러 사람의 의견을 들으면서 결정하면 된다. 이렇게 하면 부실한 체험활동을 할 확률도 낮아지고, 제대로 준비가 안 돼 발을 동동 구를 일도 없다.

③ 체험현장 정보 구하기

체험활동이 선정되면, 그 체험현장에 대한 정보를 본격적으로 구해야 한다. 정보를 모으는 방안으로는 도서관, 인터넷, SNS, 둘레의 경험자, 관련 단체나 기관을 통하는 방법이 있다. 여러 경로를 통해 자료와 정보를 충분히 얻으면 체험현장에 관한 정보 파악이 용이하다.

체험현장이 확정된 뒤에도 필요한 정보를 더 얻도록 한다. 정보를 구하는 과정에서 필요한 책이나 자료는 구매하거나, 기관이나 단체에 공문을 보내 도움을 요청하자. 보기를 들자면, 현장의 체험활동 때 수용 가능한 인원, 대형차량의 주차 가능 여부, 입장료와 체험활동경비, 체험활동 경로와 체험활동의 일정, 해설사 및 현지 도우미의 유무, 체험활동에 걸리는 소요시간, 체험현장까지 이동거리와 이동에 걸리는 시간, 기상악화나 현지사정으로 예정된 체험활동을 할 수 없을 때의 대처

방안, 식사할 공간, 놀이터나 운동장과 같은 놀이 공간, 안전사고 위험
요소의 확인, 인근의 병원과 긴급후송대책, 화장실이나 기념품 가게와
같은 편의시설, 체험활동의 시설수준처럼 알아봐야 할 사항을 모조리
다 확인함이 좋다. 그래야 체험학습 계획서의 대강을 짜는데 실수가 적
고, 시행착오를 줄일 수 있다.

④ 체험일정 짜기

체험현장이 선정되고 현지정보에 대한 검토가 끝나면 마땅히 체험일
정을 짜는 게 순서다. 체험일정은 준비기간, 체험활동기간, 체험활동
후 기간으로 나누어 계획하자.

준비기간에는 체험현장의 선정과 체험학습 당일의 일정, 교안과 교재
작성, 교구마련, 준비물 점검기간 확정과 역할분담, 현장 사전답사계획
이 주로 들어간다. 이러한 내용을 방송국에서 시나리오를 작성하듯 일
정별 또는 시간대별로 할 내용과 역할분담, 준비물을 정확히 적어두면
현장에서 당황할 확률이 대폭 낮아진다.

체험활동 기간에는 체험활동의 내용과 방법, 시간과 참고할 사항을
중심으로 계획을 세운다. 현장의 체험활동 일정을 짤 때 지켜야 할 원
칙으로 크게 세 가지를 꼽을 수 있다.

첫째, 욕심을 내지 않는 거다! 일정을 짤 때의 요령은 움직이기 편하
고, 시간 효용성이 가장 높으며, 피로를 덜 느낄 수 있도록 짜는 것이
다. 그보다 더 중요한 건 과다한 욕심을 버리는 것이다. 무리한 일정은

오히려 느슨한 일정보다 못하며, 현장에서 아이에게 돌아가는 게 그만큼 부실해질 수밖에 없다. 일정을 짤 때는 교사의 욕심을 버리고, 아이를 위한 체험학습이니만큼 한 군데만 들리더라도 알차고 보람되게 다녀올 수 있도록 계획을 세우는 게 바람직하다. 빠듯한 일정보다는 느긋한 일정을 짜야 아이가 현장에서 제대로 된 멋과 여유를 배울 수 있다.

둘째, 여백의 미를 두는 것이다. 빠듯하게 체험학습을 하는 게 아니라 느긋하게 진행하면서 잠시 쉬어가는 게 중요하다. 다리도 쉴 겸, 자연스럽게 둘레도 돌아볼 겸, 새삼 체험현장도 둘러볼 겸 천천히 진행하는 거다. 그러다 보면 자연스레 생각에 잠기게 된다. 앉거나, 눕거나, 쉬거나, 놀거나 하면서 잠시 일상으로부터 우리 애들을 느긋하게 만드는 것! 그것이야말로 체험학습의 또 다른 매력이다. 그러니 일정을 여유롭게 짜는 여백의 미는 체험학습 성패의 핵심 가운데 하나임을 기억하자.

셋째, 시간 여유를 충분히 갖는 거다. 첫째와 둘째 원칙이 관철되면 시간적 여유는 당연히 생겨난다. 일정을 짜면서 시간 여유를 충분히 주면 체험학습 당일에 현지사정으로 일정이 지연되거나 중단되는 상황이 발생하더라도 큰 차질을 빚지 않는다. 설령, 그런 일이 발생하더라도 그에 대비할 시간적, 심리적 여유가 있다. 그래서 현장의 모든 일정은 시간적 여유를 넉넉히 두고 계획하는 것이 현명하다.

체험활동 후 기간에는 체험현장을 다녀온 뒤 할 체험학습 후 활동, 체험학습에 대한 전반적인 평가와 과제, 향후 발전방향에 대하여 모임을 갖고 평가할 시간, 체험학습의 결과물을 만들고 완성하는 계획이 필요하다.

2) 현장체험학습 준비하기

① 미리 공부하기

체험활동과 체험현장이 선정되고, 필요한 정보를 구했으면 이제 체험학습에 대비하여 미리 공부할 차례다. 체험학습이 더욱 즐겁고 재미있으려면 현장에서 아이랑 폭넓고, 속 깊은 이야기보따리를 풀 채비를 갖추어야 한다.

만약, 교과 과정에 따라 역사나 문화에 대하여 체험학습을 떠난다면, 해당 교과 과정에 대한 점검도 필요하고, 현장에 얽힌 역사와 문화, 인물과 유래에 관한 이야기도 준비하자. 그렇지 않고 체험현장에 대한 정보만 달랑 읽고 가면 그야말로 수박 겉핥기에 그칠 뿐이다.

정보자료는 인쇄자료 말고도 그림이나 사진, 동영상처럼 시청각자료까지 구할 수 있다면 한 번쯤 보도록 하자. 이렇듯 체험학습의 목적에 따라 체험내용을 훤히 꿰뚫고 있으면 그 체험학습이 성공할 확률은 그만큼 높아진다. 그러므로 현장으로 떠나기 전에 미리 공부할 내용을 찾아 학습목록자료부터 만들고 볼 일이다.

② 교안과 교재, 교구 만들기

사전학습이 끝나면 체험현장에서 아이들과 즐겁게 지낼 방안을 고민할 차례다. 이를 위해 필요한 것이 바로 교안 짜기와 교재제작, 교구 만들기다.

교안은 체험학습의 목적과 일정에 맞춰 시간대별로 방문지마다 맞추어서 짜야 하는데, 준비할 것과 주의할 것, 체험내용과 예상되는 아이의 반응, 그에 따른 대응을 주요 내용으로 한다.

교재를 만들 때는 너무 많은 내용을 담거나 설명이 지나치게 긴 글보다는 간단한 자료집이 훨씬 더 효과가 높다. 애써 만든 교재가 재활용품으로 들어가지 않도록 핵심만 짚는 교재를 만들도록 하자. 교재는 형식과 내용 둘 다 중요하다. 현장에서 어떤 내용을 아이랑 함께 확인할 것인지, 그 내용을 어떤 형식으로 담을 것인지 심사숙고하여 교재를 만든다.

교육의 원활함을 위하여 필요하다면 교구를 챙겨갈 수 있다. 사진이나 그림을 크게 확대해 앨범형태로 만들어 간다든지, 모형을 준비한다든지, 아니면 다른 교구를 챙겨가는 것이다. 체험학습의 목적과 내용에 따라 그때그때 만들거나 구매하면 된다.

③ 준비물 점검하기

현장으로 떠날 때 필요한 준비물은 개인(아이, 교사) 준비물과 단체준비물로 나눌 수 있다. 교사는 교사대로, 아이는 아이대로 준비할 목록을 만들고, 단체로 갖추어야 할 준비물은 따로 정하여 역할을 나누는 것이 좋다.

④ 아이에게 줄 과제 정하기

이렇게 준비를 어느 정도 마쳤다 싶으면 아이에게 줄 과제를 점검한다. 아이가 현장으로 떠나기 전에 찾아봤으면 하는 내용, 읽고 오면 괜

찾을 책이나 볼만한 영상자료 같은 것을 과제로 내주면 된다. 이때도 마찬가지로 지나치게 요구하기보다는 그저 가볍게 보고 올 정도로만 숙제를 내는 게 아이에게 짐이 되지 않는다. 동시에 체험학습의 내용과 장소, 방법에 대한 정보를 부모에게 전해주면 부모 또한 부담이 줄어든다.

⑤ 현장조직망과 비상연락망 짜기

현장으로 떠나면 무슨 일이 언제, 어떻게 일어날지 모르므로 비상연락망을 갖추는 것이 좋다. 그래야 현장에서 긴급한 일이 일어나더라도 당황하지 않고 침착하게 대응할 수 있다. 주의할 점은 현장에서의 조직망은 물론이고, 현장 둘레의 긴급조직(경찰서, 병원, 소방서 등), 현장이 아닌 학교나 학원, 단체 등에도 비상연락처를 마련해 둔다는 것이다.

현장조직망은 체험학습을 떠난 현장에서 교사끼리 서로 업무와 역할을 나눈 조직 짜임새를 말한다. 이는 현장에서 더욱 원활하게 체험활동을 진행하기 위해 만드는 망이다. 보기로 학교운영위원회의 승인을 받아 수학여행위원회를 꾸리는 것을 들 수 있다.

지금까지 체험학습 계획서에 담아야 할 내용을 살펴보았다. 체험학습을 처음 시작할 때부터 이 모든 것을 완벽하게 계획서에 담을 수 있다면 그보다 더 바람직한 일이 없다. 그러나 처음부터 모든 게 충족되지 않았다 해서 실망할 필요는 없다. 왜냐하면, 이렇게 계획서를 세우는 것으로부터 체험학습의 첫 출발을 내딛는 셈이고, 그 출발을 바탕으로 향후 이어질 체험학습은 갈수록 더 발전할 것이기 때문이다. 그러니 첫술에 배부를 생각보다는 '천 리 길도 한 걸음부터!'란 마음가짐과 자세로 계획을 수립하는 게 중요하다.

2. 사전학습

　현장에서 신나게 체험학습을 진행하려면 먼저 체험활동과 관련된 정보를 충분히 확보하고, 그에 맞춰 사전학습을 해두는 것이 좋다고 했다. 아무래도 준비가 잘 돼 있으면 현장에서 실마리를 풀기가 수월하다.

　사전학습은 체험학습의 갈래에 따라 그 내용이 바뀌는 건 자명하다. 역사현장은 역사에 대한 정보를, 과학현장은 과학지식에 대한 자료를 볼 수밖에 없다. 이처럼 체험학습을 떠나기 전 그 목적에 맞는 내용을 학습하는 것은 누구나 다 아는 상식이다. 그런데 그렇게 학습을 하고 떠났음에도 왜 현장에서 쩔쩔매며 어려움을 호소하는 것일까?

1) 현장체험학습의 어려움

체험학습을 떠나기 전에 관련된 책도 읽고, 자료도 찾아 열심히 읽고 준비했는데, 막상 현장으로 가면 어디서, 무엇을, 어떻게 해야 할지 당최 모르겠다는 교사가 많다. 바로 여기에 체험학습의 어려움이 있다! 부지런히 학습하고 갔음에도 왜 현장에서는 그 내용을 제대로 써먹을 수 없을까? 거기에는 몇 가지 이유가 따른다.

첫째, 사전에 학습한 부분이 현장에서 체험활동을 할 때 진행해야 할 부분과 맞지 않을 때다. 즉, 추상적으로 개요만 학습했다거나, 아니면 현장의 체험활동에 대하여 아주 단편적인 지식만 학습하고 갈 경우다. 그런 정도로는 이내 한계와 난관에 부딪히고 만다.

왜 그럴까?

보기를 들어 로켓 발사실험을 하러 떠났는데, 현장에서 로켓에 대한 얕은 상식만 갖고서 아이에게 충분한 설명이 될 수 있을까? 불가능하다. 모르니까 좀 더 자세한 설명을 해 줄 수 없고 더 흥미롭게 진행할 수 없다. 그러므로 현장에서 아이와 재미있게 체험하려면 적어도 로켓에 관련된 학습을 꼼꼼히 하지 않을 수 없다. 로켓의 역사, 로켓동력의 원리, 로켓의 활용, 로켓의 미래처럼 로켓에 대하여 제법 훤히 꿰뚫고 있어야 현장에서 로켓 발사체험과 더불어 여러 가지 이야기를 즐겁게 이어갈 수 있다.

또 다른 보기로 역사체험학습을 떠났다고 가정하자. 역사현장을 아이와 즐기려면 그 현장의 유물과 다른 현장의 유물, 그 현장의 이야기와 다른 현장의 이야기, 그 현장의 유적지와 오늘날의 생활공간, 옛날의 물건과 요즘의 물건, 과거의 인물에서 현재의 인물에 이르기까지 일관된 주제 흐름을 갖고 진행할 때 아이의 눈빛이 초롱초롱 빛난다. 때로는 과거에서 현재로, 때로는 현재에서 미래로, 때로는 집에서 들판으로, 때로는 산에서 바다로, 때로는 이 사람에서 저 사람으로, 때로는 저 사람에서 그 사람으로 수시로 시공과 인간을 넘나들면서 서로 견주고, 저마다 다른 생각을 끌어내면서 이야기보따리를 살살 풀어가야 역사체험학습도 흥이 나는 법이다.

이래서 체험학습을 떠나기 전에 그 현장이 역사현장이건, 과학현장이건, 그 무슨 현장이건 현장의 개요는 물론, 구체적인 세부지식도 함께 학습할 필요가 있다는 거다. 만약, 현장의 체험활동이나 체험현장에 대하여 수박 겉핥듯이 훑고 지나치면, 현장에서 아이를 신나게 이끄는데 분명 한계가 있다. 체험학습은 말 그대로 현장의 살아있는 것들을 죄다 살려서 하는 교육이므로 개요 정도로는 아무래도 현장에서 진행할 운신의 폭이 줄어들 것이 뻔하다. 또한, 아이의 사고범위를 넓힐 수도, 체험 주제에 더 깊이 파고드는데도 제약을 받을 수밖에 없다. 적어도 세부지식에 대한 학습도 어느 정도는 하고 떠나야 현장에서 낭패를 당할 확률이 낮다.

둘째, 사전답사를 하지 않아 현장에서 필요한 세부내용이 무엇인지 잘 모를 때다. 사전답사도 가보지 않았는데, 현장에서 무엇이 필요할지 어떻게 판단할 것이며, 어떻게 필요한 체험학습을 할 수 있겠는가? 체험활동을 하면서 겪게 되는 과정, 현장에서 만나게 될 구체적인 상황에 대하여 사전답사를 해보지 않고서는 암만 도서관에서 많은 자료를 공부한들 정작 체험현장에서는 그 내용을 백분 살릴 수 없다. 간혹, 충분히 사전학습을 했음에도 현장에서 어려움을 느낀다면 이처럼 사전답사를 하지 않은 데서 오는 어려움이라고 볼 수 있다.

셋째, 사전학습과 사전답사를 충분히 했음에도 현장에서 실마리를 잘 풀지 못할 때다. 이런 경우는 현장에서 이야기보따리를 푸는 능력, 현장을 체험학습의 목적과 방향에 맞게 적절히 꿰매는 기술이 아직 모자라기 때문이다. 혹은, 관련 자료를 읽었다 해도 정작 현장에서 필요한 내용을 찾는 것엔 실패한 것이다.

보기로 종묘를 갔다고 치자. 종묘에 대한 지식이 아무리 있다 한들 종묘 입구에서부터 신도를 따라 정원을 거쳐 전각에 이르기까지 구슬 꿰매기를 잘 엮지 못한다면 지겨운 설명만 이어질 뿐이다. 종묘 전체를 대강에서부터 세세한 부분까지 이야기를 풀 수 있다면, 심지어 종묘제례와 종묘 음악까지 들려줄 수 있다면 현장에서 지겨울 아무런 까닭이 없다. 그런 연유로 현장으로 떠나기 전에 반드시 현장을 방문하여 학습한 내용을 결부시키는데 땀방울을 흘려야 한다.

결국, 현장에서 교사가 겪는 어려움을 해결하기 위해선 첫째, 현장과 관련된 학습을 충실히 할 것이며 둘째, 현장에서 필요한 내용을 사전답사에서 점검하고 셋째, 그 둘을 잘 엮어내는 훈련을 되풀이하는 노력이 필요하다.

2) 체험활동과 관련된 연관학습

체험학습을 가면 교사는 아이들이 묻는 갖가지 질문에 시달리게 된다. 아이가 역사현장으로 갔다고 해서 역사지식만 묻는 게 아니다. 한정된 역사주제에만 매달려 질문을 하는 것도 아니다. 과학현장으로 갔다고 해서 그날 주제와 관련된 과학 분야에 관해서만 묻는 게 아니다. 아이는 체험학습을 떠난 뒤 체험현장을 오가며 눈에 비친 모든 것에 대하여 죄다 묻는다. 왜냐하면, 아이에게 이 세상은 온통 신기한 것, 신비한 것, 궁금한 것, 의문투성이니까! 게다가 그 모든 것을 짜임새 있게 물어오는 것도 아니고, 아이의 필요에 따라 쉴 새 없이 묻고, 요구한다. 그러므로 교사는 아무리 준비를 야무지게 해 가더라도 늘 현장에 가면 쩔쩔매게 된다. 그야말로 만물박사가 되지 않는 한 교사는 체험학습에 나선 아이의 요구와 궁금증을 한꺼번에 다 풀어줄 수 없다. 그래서 체험학습이 교사에게는 어렵고 힘든 교육과정이 되는 것이다.

그래서 체험학습을 떠나기 전에 충분히 사전학습을 하되, 연관되는 학습거리도 함께 찾아봄이 좋다는 말이다. 문제는 연관학습의 범위와 깊이다. 무엇보다 자연과 함께하는 곳으로 체험학습을 떠나면 연관이란 범주에 대하여 고민하지 않을 수 없다. 아이는 끝없이 연관질문을 뿜어내므로 어느 선까지 학습해야 할지 가늠하기 어렵다. 연관학습은 경우에 따라 그 범위가 매우 넓고 깊어져 때로는 교사의 능력 밖으로 벗어날 때도 있으므로 그럴 땐 차라리 외부의 협조를 얻는 게 낫다.

이르자면 종묘로 역사체험을 떠난다면 묘제와 관련된 학습과 더불어 종묘에 있는 전각을 비롯해 각종 문화유산, 동식물 분포, 종묘제례와 음악, 오늘날의 종묘에 대해서까지 두루 학습해 두지 않으면 현장에서 어려움을 겪을 수밖에 없다. 그러나 교사의 현실여건이 그런 걸 죄다 준비할 수는 없으므로 현장의 문화유산해설가, 생태해설가의 도움을 받는 게 현명하다. 교사 본인도 어느 정도는 준비해야겠지만 현장에서 여러 전문가나 관계자의 협조를 잘 살린다면 충분히 협력학습 효과를 기대할 수 있다. 분명한 것은 그런 경우라도 연관학습에 대한 준비는 소홀하지 말자. 다소 어려움이 있더라도 사전답사와 사전학습을 통해 예상되는 연관학습까지 준비한다면 아이에게 얼마나 큰 도움이 되겠는가?

3) 확실하지 않은 부분에 대한 학습

체험학습을 막상 떠나보면 불명확한 부분이 상당히 많다는 걸 알 수 있다. 그런 부분에 대한 추가학습도 마땅히 필요하다. 특히, 역사를 주제로 하는 체험현장은 과학현장과 달리 딱 부러지게 이렇다, 저렇다 말할 수 있는 게 생각보다 적다. 과학실험처럼 등식이나 수치 대입, 혹은 법칙에 따라 그 답이 분명히 나오지 않는 대목이 있는데, 그런 점이 교사를 더더욱 곤혹스럽게 만든다.

왜 그럴까?

역사란 비록 사람이 일구어 온 삶의 발자취이긴 하나 그 역사의 주체인 사람은 유기체인지라 딱히 이렇다 할 공식에 따라 이어져 온 게 아니기 때문이다. 더구나 우리가 역사를 알 수 있는 방법은 기록물 아니면 현존하는 유물·유적이 대부분이라 그 제한성도 지나치게 뚜렷하기 때문이다. 드물게 증언 자료도 있을 수 있지만, 그것 역시 극히 드문 일이고 진술의 신뢰성 문제도 남는다. 아울러 대부분의 역사기록물이 지배자의 관점에서 남긴 기록물임을 짚고 넘어간다면 역사에서 객관성, 과학성을 찾아내기란 하늘의 별 따기처럼 어려운 일이다. 어떤 유물·유적은 관련 기록물조차 없을 수 있다. 그럴 때 그 유물·유적에 얽힌 이야기를 풀어내기란 기적이나 마찬가지다. 이런 대목이 역사현장에서 어려움을 더하는 요인이 되며, 현장의 불확실한 것에 대한 사전학습이 필요한 이유가 된다.

선사시대의 토기를 사례로 들어보자. 토기에는 저마다 다른 무늬와 그림이 새겨져 있다. 그 무늬는 어떤 법칙에 따라 새겨진 것일까? 빗살무늬가 새겨진 토기가 있다고 치자. 빗살무늬의 사선방향과 굵기, 크기와 형태는 누가, 언제, 어디서, 어떤 원칙과 기법에 따라 새긴 것일까? 이런 부분에 대하여 아이가 궁금한 건 당연하지만 어른 또한 궁금하긴 똑같다. 학계에서도 논란만 있을 뿐 속 시원한 답은 아무도 선뜻 내놓지 못한다. 그럼 어떡하란 말인가? 이럴 땐 자세히 보기를 시키면 자연스레 대화가 오갈 것이며 뭔가 길이 보일 것이다.

"선생님! 이 토기는 사선이 이렇게 작은데, 저 토기는 왜 저렇게 길어요?"

"선생님! 사는 곳에 따라 사선의 방향이나 길이가 바뀌는 건가요?"

"선생님! 토기를 만든 사람의 취향이나 성향에 따라 그렇게 되는 거죠?"

자세히 보기를 통해 내뱉는 아이의 물음에 속 시원히 대답할 수는 없다. 빗살무늬토기에 대하여 전문가가 아닌 이상 한계는 불을 보듯 빤하다. 그렇다고 현장으로 떠날 때 모든 걸 다 알고 갈 수도 없는 노릇이다. 그 토기를 빚은 장인의 솜씨나 생각, 당시의 기술 수준을 꿰뚫어 볼 수도 없다. 누군가가 그런 연구를 깊이 진행해서 설득력 있는 연구 결과가 나왔다면 모를까, 그런 성과마저 없다면 더는 이야기를 풀어갈 수 없다. 현장에서 교사와 아이의 거리는 짧고, 연구 성과를 기다리기엔 시간이 없다. 이래서 체험학습이 어려운 것이다.

그렇다고 해서 물러날 수는 없다. 불확실한 것에 관한 공부를 미처 하지 못했더라도, 확실한 답이 없더라도 서로 불확실한 것에 대하여 생각은 해 볼 수 있다. 그럴 때는 아이가 궁금한 것을 그대로 끌고 들어가 왜 그런지에 대해서 이야기를 나누어보자. 정답을 모르니 답답할 수도, 정답이 없으니 편할 수도 있겠으나 중요한 것은 그런 대목마다 아이끼리 마음껏 생각을 나누도록 하는 거다. 그러면 어느 정도 궁금증이 때로는 해소가 된다. 그래도 궁금증이 남는다면 교사와 아이가 함께 풀어야 할 숙제로 남기거나, 전문가의 도움을 빌려야 할 것이다. 아무튼, 불확실한 것에 대한 학습은 수수께끼 같은 과제임이 틀림없다.

4) 충실한 사전학습과 현장에 대한 사전답사

체험학습을 성공으로 이끌려면 충실한 사전학습 및 사전답사가 요구된다. 체험내용에 대한 사전학습을 바탕으로 현장을 직접 둘러보면서 체험학습 당일에 발생할지도 모를 갖가지 상황에 대비한다. 그렇게 하면 비로소 현장에서 무엇을, 어떻게, 어떤 순서로 풀어내야 할지 조금씩 감이 생긴다.

사실, 교과서에 나오는 수준을 뛰어넘는 현장교육을 하기란 쉽지 않다. 현장에 대한 전문지식을 접할 기회도 많지 않을뿐더러, 막상 그렇게 하기도 쉬운 일은 아니다. 그러므로 사전학습을 하되, 주제에 따라 교과서에 나오는 과정부터 먼저 짚어본 다음 현장에 있는 유물과 유적, 인물에 대하여 좀 더 관심을 두면 된다. 여러 각도에서 자료를 수집하고, 수집한 정보를 더욱 깊이 연구하면 그만큼 교육의 질이 올라가기 마련이다.

또, 사전답사 때 학습한 내용을 현장과 결합해 활용하면 체험학습을 성공으로 이끌 가능성은 더더욱 높아진다.[1] 게다가 요즘은 영상으로 된 자료도 많으므로 인쇄자료가 갖는 한계를 너끈히 뛰어넘을 수 있다. 경험하지 못한 과거사도 컴퓨터그래픽으로 얼마든지 상상해 볼 수 있으며, 현장을 보지 못했더라도 바로 눈앞에서 본 것처럼 살펴볼 수 있는 동영상자료도 넘쳐 난다. 그러므로 사전학습과 사전답사를 통해 열심히 준비하고, 더 생생한 자료로 간접체험도 미리 한다면 현장으로 떠나는 게 무조건 어렵고 힘든 것만은 아니다.

---

1) 그렇게 준비를 알차게 한다 하더라도 당일 현장의 분위기, 교사와 학생의 기분, 현장에서의 뜻하지 않은 사건이나 사고, 기타 사유로 체험학습이 기대보다 못 미칠 경우도 있다. 그러므로 교사가 사전학습과 사전답사를 하는 것은 그야말로 체험학습의 성공을 위한 최소한의 전제조건이 되는 셈이다.

3. 사전답사

교사는 체험현장을 미리 둘러본 뒤 체험학습을 어떻게 이끌어야 할지 고민함이 좋다. 그런데 사전답사에 대한 경험이 없으면 사전답사를 가더라도 감이 잡히지 않을 때가 있다. 그럴 때는 두 가지 방법을 쓰면 좋다.

첫째, 현장에 오래도록 머물면서 현장이 주는 분위기, 현장에 있는 교육대상물을 꼼꼼히 살피기이다. 고목이나 풀, 꽃이나 숲, 바위나 내, 논밭이나 과수원처럼 자연환경요소, 문화유산이나 인물처럼 역사요소, 전각이나 구조물처럼 과학건축요소, 공예나 예술처럼 예술문화요소 등을 두루 관찰한다. 그런 요소들이 눈에 확 들어올 때까지 지켜본 뒤 체험학습의 주제와 연결하면 된다.

둘째, 감이 올 때까지 사전답사를 두 차례고, 세 차례고 다녀오기이다. 한 마디로 현장이 한눈에 쏙 들어올 때까지 부지런을 떠는 것이다. 그러면 애들을 데리고 현장에 도착했을 때 동선을 어떻게 잡고, 어디서 무엇부터 이야기할 것인지를 확실히 새겨둘 수 있다. 반대로 머리에 현장의 그림이 제대로 그려지지 않으면 체험학습이 난관에 부딪힐 수도 있다. 그러므로 현장에서 멋진 체험을 하려면 될 수 있는 한 현장에 대한 전체그림을 확실하게 머릿속에 새겨 넣어야 한다. 그러니 사전답사란 아이에게 그림책을 읽어주기 전에 그 내용을 완전히 숙지하고, 그 느낌을 온몸으로 느끼기 위해 몇 차례고 되풀이해서 그림책을 보는 것과 마찬가지다. 그럼 사전답사는 어떻게 하면 좋을지 알아보자.

1) 현장체험학습을 위한 밑그림

앞서 사전답사를 잘 다녀와야 체험학습을 성공으로 끌어낼 수 있는 조건을 충족시킬 수 있다고 했다. 그 말은 곧, 아이들이 즐겁고 신나는 체험학습을 위해 필요한 요건 가운데 하나가 사전답사라는 거다. 그렇다면 왜 현장에 관한 사전답사를 해야만 할까?

첫째, 아이들과 체험학습을 할 때 무엇을 주요하게 다룰 것인지 파악할 필요가 있다. 사비 백제의 빼어난 문화에 대하여 주제를 잡고 국립부여박물관으로 떠난다고 치자. 그럼 그 박물관을 둘러보면서 어떤 유물이 사비 백제란 주제와 가장 잘 맞아떨어지는지 조사를 해야 하지 않을까. 그럴 때 비로소 유물은 죽은 화석이 아니라 아이의 머리와 가슴속에 살아있는 생활용품으로 되살아나는 법이다. 이렇게 유물을 되살려내기만 한다면 몇몇 유물만 집중해도 아마 박물관에서의 시간은 꿈결처럼 금세 가버릴 터다.

둘째, 어떤 경로를 중심으로 체험학습을 할 것인지 즉, 현장의 동선에 대하여 살펴볼 필요가 있다. 주어진 시간과 아이의 수준, 당일의 현지사정과 해야 할 내용을 검토하면서 어떤 전시실은 과감하게 생략하고, 어떤 전시실은 집중한다는 계획을 분명히 정한다. 그럴 때 박물관은 아이에게 지루하지 않으면서도 다정한 친구로 다가선다. 동시에 수업목표로 삼은 주제에 대해서도 제대로 풀어낼 수 있는 밑바탕이 형성될 수 있다.

셋째, 체험학습 당일의 모든 일정에 대하여 점검할 필요가 있다. 우리나라 체험학습문화의 풍토는 대개 한 곳만 가는 게 아니라 서너 곳 이상을 들리도록 짜는 게 보통이다. 체험학습의 질을 높이기 위해서라도 하루에 이처럼 여러 곳을 드나드는 흐름은 사라져야 할 풍토다. 하지만 현실이 그렇지 않으니 일단 그 현실을 받아들인다고 가정하면, 전체일정의 흐름과 걸리는 시간, 해야 할 내용에 대하여 살펴보지 않을 수 없다. 물론, 가능하다면 현장으로 떠날 때 하루에 한두 곳만 다니도록 일정을 짤 일이다. 일정이 여유로워야 체험현장에서의 생활이 즐겁고, 그럴 때 체험현장에서 만나는 자연과 사람, 현지의 문화와 생활, 역사에 대하여 조금이라도 더 제대로 보고, 듣고, 만지고, 겪고, 느끼고, 생각할 수 있기 때문이다.

2) 체험현장의 실태 및 안전조사

체험학습을 떠나면 현장에서 아이와 함께 충실한 교육행위를 하는 것 못지않게 중요한 것이 현장의 상황, 실태, 환경, 분위기라 할 수 있다. 경우에 따라서는 그런 요인들이 체험학습에 영향을 미치기도 하므로 미리 체험현장을 찾아 그런 조건을 꼼꼼히 점검할 필요가 있다. 이런 실태조사는 체험학습의 원활한 진행을 위해 반드시 필요하므로 체험내용과 더불어 눈여겨 살펴봐야 한다. 그럼 어떤 것을 알아보면 좋을까?

첫째, 현장의 개요다.

입장시각과 퇴장시각, 휴관일, 현장에서 특별히 겪을 수 있는 체험거리, 영상물 상영, 체험경비, 체험에 걸리는 시간부터 조사한다. 체험주제와 적합한 곳인지, 전체 입장료는 얼마이며, 출발지에서 현장까지의 이동시간과 거리는 어느 정도이며, 첫 번째 체험현장에서 다음 체험현장까지 걸리는 이동거리와 시간은 얼마쯤인지도 알아본다.

버스를 세울 수 있는 대형주차장이 있는지, 평일과 주말, 휴일에 따라 붐비는 정도가 어느 정도인지, 주차료는 얼마이며, 주차장에 화장실이나 매점, 휴지통처럼 편의시설은 있는지, 편의시설의 질과 양은 어떤지 살펴본다.

체험현장 프로그램에서 안전사고의 위험 정도는 어떤지, 체험현장에서 시설물이나 설비에 위험한 요소는 없는지, 응급환자가 발생했을 때 근처에 보낼만한 병원은 있는지, 긴급한 상황이 생기면 취할 수 있는 조치는 무엇인지도 살펴볼 내용이다.

식사를 함께한다면 참가인원을 수용할 수 있는 식당을 찾아 예약하고, 도시락으로 식사할 거라면 다 같이 모여서 먹을 수 있는 공간이 있는지 살펴야 한다.

바깥에서 공동체 놀이를 할 거라면 그런 놀이를 할 수 있는 곳을 봐 두어야 할 것이며, 비나 눈이 올 경우엔 다른 곳으로 옮겨서 진행할 수 있는 예비공간도 알아보고, 그밖에 필요한 여러 가지를 더 알아내면 금 상첨화다.

둘째, 체험학습을 하는 시기의 적절성이다.

봄에 피는 우리 풀꽃을 주제로 삼았다면 봄꽃이 곳곳에 피어있어야 한다. 개화시기를 놓쳐서 너무 이르거나, 너무 늦으면 주제와 관련된 학 습이 제대로 이루어질 수 없다. 무엇보다 생태체험은 꽃과 풀, 나무와 열매가 익는 때를 정확히 조사하자. 탐조체험이나 농어촌체험활동도 마 찬가지다. 예비답사를 진행할 때는 그런 부분에 대하여 세세히 점검해 야 한다.

셋째, 날씨에 따른 체험현장의 적합성이다.

날씨는 체험학습의 흐름을 바꿀 수 있는 중요한 변수 가운데 하나다. 섬 기행을 갔는데, 갈 때는 날씨가 좋아 괜찮다가도 올 때는 갑자기 기 상이 악화돼 배가 뜰 수 없는 경우가 생길 수 있다. 산간지방으로 체험 을 떠난 경우도 마찬가지다. 국지성 호우로 길이 막히거나, 골짜기의 물 이 불어나 고립될 가능성은 언제든지 존재한다. 그러므로 날씨에 따라 영향을 받을 만한 지형인지, 그런 요인이 존재하는지 알아보는 것도 사 전답사 때 점검할 부분이다.

넷째, 체험현장 둘레의 여건과 실태조사다.

체험현장을 둘러본 다음에는 그 둘레의 상황도 역시 살필 필요가 있다. 체험현장으로 가는 길 일부 구간에 도로공사가 진행 중이라 차량통행에 불편을 초래할 여지는 없는지, 체험현장으로 접근하는데 문제가 될 다른 요소는 없는지, 체험주제와는 동떨어져 있긴 하나 추가로 가볼 만한 곳은 없는지, 혹시 주민과의 갈등요소는 없는지, 기타 체험 당일에 문제가 발생할 여지는 없는지 따위를 살피도록 하자. 아울러 예기치 못한 문제가 발생할 때 협조를 당부할 수 있는 경찰서나 소방서, 병원과 후송경로도 다시 한 번 살펴둔다.

4. 교재와 교안, 교구 및 사전수업

체험학습을 떠나게 되면 현장에서 아이와 함께 즐길 거리 가운데 하나가 바로 교재와 교구다. 이런 수업자료는 체험학습을 떠나기 전 수업을 통해 할 것, 현장에서 할 것, 체험학습 후 수업을 통해 할 것처럼 세 가지로 구분해 살펴볼 수 있다. 여기서는 교안은 세 가지로 나누어 구분하고, 교재와 교구는 통틀어 설명한다.

1) 교안(학습지도안)

체험학습 교안을 짤 때 주의할 점은 교실수업과 달리 분위기나 집중도, 아이와의 관계나 느낌에서 차이가 크게 난다는 것을 고려하는 것이다. 대부분의 체험학습은 실내에서 하건, 실외에서 하건 교실수업과는 큰 차이가 있다. 실외에서 할 때는 탁 트인 공간, 수많은 사람, 시끄럽고 복잡한 분위기 탓에 집중력이 분산돼 자연히 주의가 산만해진다. 실내에서 하는 체험도 교실수업과는 달리 진행되므로 이래저래 어렵기는 마찬가지다. 그러므로 그런 사정과 환경, 분위기를 반영해 교안을 짜는 훈련이 필요하다. 어떻게 하면 좋을까?

첫째, 사전수업에 필요한 교안이다.

이는 대개 교실이나 강의실, 강당 같은 실내에서 이루어질 것이므로 보통 교과목의 학습지도안 짜듯 주어진 시간 안에 학습할 내용으로 채우면 된다.

단, 체험활동과 체험현장에 대하여 낱낱이 다 알아보기, 이것저것 다 챙겨 지식폭탄 던지기, 정보소나기 퍼붓기 등은 피하는 것이 낫다. 사전수업은 어디까지나 체험활동에 대한 흥미를 북돋우고, 체험현장에 대한 궁금증을 불러일으켜 아이 스스로 더 조사하면서 기대와 설렘을 갖도록 하는 것에 있다. 그럴 때 현장에서의 체험활동이나 체험학습 후의 마무리활동이 더 빛을 발한다. 그러니 사전학습을 통해 알게 된 지식이나 정보를 아이에게 모두 주려는 것은 삼가도록 하자. 때로는 아이에게 많은 걸 베풀려는 교사의 마음이 되레 아이에게 상처를 줄 수도 있다. 최대한 자제심을 발휘하여 체험현장과 체험활동을 간단히 소개하는 선에서 그치는 게 어떨까 싶다.

또한, 지식과 정보의 주입보다는 오히려 필요한 준비물, 집에서 간단히 살펴볼 거리, 지도를 통해 보는 현지의 상황, 간단한 동영상으로 궁금증과 호기심을 증폭시키는 편이 훨씬 더 낫다. 현지에서 주의할 사항을 알려주면서 체험현장에 대한 지나친 기대감이나 들뜸, 낯섦에서 오는 두려움과 불안감을 떨쳐 버리도록 하는 배려도 필요하다.

둘째, 체험현장으로 떠나는 날의 교안이다.

이 교안은 체험학습계획서의 시나리오에 대략 녹아 있을 터다. 그러나 현장시나리오는 어디까지나 체험현장으로 떠나는 날의 전체일정에 대한 것이라 막상 현장에서 구체적인 내용을 설명할 때는 부족하다고 느낄 수도 있다. 그때 적절히 활용할 수 있는 것이 바로 현장 교안이다. 현장에서 쓸 교재와 관련된 내용, 교재에는 없더라도 주제와 관련된 내용, 혹은 주제와 무관하더라도 아이에게 알려야 할 내용 등을 작성하자. 그 내용의 폭과 깊이를 어느 선까지 할 것인지, 시간은 어느 정도 배려할 것인지는 저마다의 사정과 형편에 따르면 된다.

예상되는 질문 및 그에 대한 답변을 어떻게 할 것인가에 대해서도 미리 짜두면 좋다. 방문하는 체험현장마다 교안이 따로 있다면야 무척 좋겠지만, 굳이 그럴 필요까지는 없다. 핵심적인 현장의 교안만 구체화하고 부차적인 현장은 그것에 맞게 준비하면 된다.

셋째, 체험학습 후 활동에 따른 교안이다.

이 경우는 대개 실내에서 이루어질 확률이 높으므로 여느 학습지도안 짜듯 작성한다. 현장을 다녀온 뒤에 이루어지므로 체험학습 후 활동을 어떻게 할 것인가에 대하여 자세히 짤 필요가 있다.

보기로 기행문을 적는다면 어떤 형식의 기행문을 쓰도록 유도할 것인지, 아이들의 기억을 되살리기 위하여 어떤 준비를 해야 하는지, 사진이나 현장에서 얻은 안내도를 어떻게 살려 쓸 것인지, 시간배정은 어떻게 하면 좋을지 등을 상세히 계획하자. 물론, 체험학습 후 활동의 양식과 방법, 시간에 따라 그 내용이며 형식은 얼마든지 바꿀 수 있다.

아무튼, 이 모든 경우에 특히 마음을 써야 할 부분은 지나치게 지식을 주입하는 교안을 피하는 것이다. 제자에게 많은 걸 가르치겠다는 욕심, 무리와 과욕이 바탕이 된 교안을 피할 수 있다면 체험학습이 더욱 즐거워질 것이다.

2) 교재

흔히 체험학습을 떠날 때 학교나 학원, 단체에서 즐겨 만드는 교재양식은 대충 다음과 같다. 현장에 대하여 충분히 설명글을 담고, 필요한 사진을 덧붙이고, 마지막 혹은 중간에 문제 몇 가지를 내는 것이다. 결론부터 말하자면 그런 교재는 잘 만들어진 교재이기는 하나 아이에게 큰 보탬이 된다고는 할 수 없다. 교재작업을 하는 교사는 체험현장과 체험활동에 관한 공부가 되지만, 정작 교재로 활동할 학생은 몇 문제만 풀면 그만인 탓이다.

역사나 과학, 혹은 다른 교과목의 연장 같은 교재, 설명이 긴 교재, 입시문제처럼 문제은행식 문제로 가득 찬 교재를 좋아할 아이는 별로 없다. 그런 교재로 어떻게 현장에서 신나게 활동할 수 있겠는가? 공들여 만든 교재가 아이의 무관심 속에 묻히지 않으려면 교재 또한 신중하게 만들자. 입시교육에 치중하는 오늘날 현실에서 체험학습을 성적이나 봉사활동에 직접 연관시키지 않는 한, 교사나 학생 모두 현장에서의 교재활동에 대해서는 거의 등한시하는 편이다. 따라서 교재로 폭넓은 체험활동이 이루어지려면 교재제작에 더욱 정성을 쏟아야 한다.

그럼 교재제작은 어떻게 하면 좋을까?

첫째, 재미있는 교재를 만들자.

재미없는 교재를 반길 아이는 없다. 그렇다면 재미있는 교재는 어떻게 만들 수 있을까? 될 수 있다면 호기심과 궁금증을 유발할 수 있는 흐름으로, 동적 문화에 젖은 요즘 세태에 맞게 동적인 흐름으로 구성하자. 설화나 신화 같은 옛이야기처럼, 혹은 수수께끼나 퀴즈풀이처럼, 재미있는 그림이나 만화, 사진처럼 아이가 쉽게 흥미를 느낄 수 있고 곧장 빠져들 수 있는 관심 사항을 참고해 만들도록 한다. 그러려면 교재를 제작할 때 얼마나 공을 들여야 하고, 자료나 정보의 수집이 풍부해야 할지 짐작이 갈 터이다. 어렵더라도 그런 과정을 거칠 때 교재는 현장의 훌륭한 교육 도구가 된다.

둘째, 흥미를 유발하는 교재를 만들자.

체험주제가 어렵다거나, 현장의 여건이 재미있는 교재를 만들기 어렵더라도 아이가 흥미를 느낄 수 있게 만들어 보자. 애들에게 외면당하는 체험활동, 애들에게 관심 없는 현장일수록 더더욱 아이가 생각에 잠기거나, 호기심 또는 의구심을 불러일으키도록 내용과 형식을 고민할 수밖에 없다. 교육에는 왕도가 없는 만큼 유일한 해결책은 체험활동과 체험현장의 여러 사물과 흔적, 얽힌 사건과 사고, 관련 인물이나 동식물에 대하여 더 알아보고, 그런 대상 중에 재미난 점이나 흥미로운 대목을 적극 살려 교재에 반영하는 것뿐이다.

셋째, 관찰에 바탕을 둔 교재를 만들자.

정답을 요구하는 물음보다는 아이의 관찰, 아이의 생각, 아이의 오감을 동원한 결과를 자연스레 답할 수 있는 물음을 던지도록 하자. 체험학습의 장점은 현장의 생동감을 살리는 것이므로 교재의 핵심은 주제에 맞는 내용을 오감을 동원해 스스로 관찰하고, 스스로 조사하고, 스스로 생각하고, 스스로 느낀 결과를 저마다 달리 표현할 수 있도록 적극적인 방식으로 나아가는 것이다. 이왕이면 그런 과정이 프로젝트형 과정이라면 더할 나위 없이 좋다. 왜냐하면, 그런 교재는 아이를 교육의 주체로 분명히 내세울 뿐 아니라 아이와 교사 모두 교재에 더더욱 열과 성을 쏟도록 하기 때문이다.

넷째, 장난감처럼 입체적인 교재를 만들자.

입체형교재는 평면형의 교재보다 재미는 더하고, 지루함은 덜하다. 입체형교재가 되려면 교재가 아이의 장난감처럼, 놀이 도구처럼 되어야 한다. 때로는 화가처럼 그리고, 때로는 작가처럼 쓰고, 때로는 기자처럼 취재하고, 때로는 공예인 같이 만들면서 다양하게 접근할수록 교육 효과가 높아진다. 체험학습 현장에서는 교재라 해서 국정 교과서처럼 판에 박힌 규격, 정해진 내용으로만 구성할 아무런 이유가 없다. 오히려 체험학습이라 자칫 주의가 산만해질 우려가 있는 상황임을 고려해 교사의 창의력을 최대한 발휘함이 좋다. 아이디어와 기지가 돋보이고 현장 적응력이 뛰어난 교재는 체험활동을 마음껏 연구하고, 마음껏 생각하고, 마음껏 즐기는 것으로부터 비롯된다.

다섯째, 생각하는 교재를 만들자.

긴 설명이나 여러 사건의 나열처럼 지루함을 피하고, 같은 내용이라도 그 형식을 조금만 바꾸어 아이 스스로 생각하고 답할 수 있게 만들어보자. 교재의 질문에 대한 답을 스스로 찾도록 하면 현장을 유심히 둘러보다가 잠시 생각에 잠길 수도 있다. 프로젝트를 줘서 체험활동의 배경과 과정, 발전과 결과를 하나씩 물음으로 던지는 형식도 괜찮지 않을까. 역사체험이라면 왜 그런 사건, 그런 인물이 등장하는지, 어떤 과정을 거쳐 발전하는지, 그 결과는 어떻게 되는지를 묻는 형식의 교재가 그 역사사건이나 인물을 자세히 설명한 교재보다 훨씬 더 효과가 있다. 그런 교재는 학습 목표를 향해 나아가도록 도와주며, 학습의 주체로서 아이 스스로 생각하고, 답하는 학습법을 익히도록 이끌어준다.

여섯째, 모든 것을 담는 교재는 피하자.

교재에 대한 미련과 욕심은 과감히 버리자. 때로는 뜻하지 않게 애써 만든 교재가 무용지물이 될 수도 있고, 때로는 교재에 있는 내용을 다 하지 못할 수도 있다. 체험학습은 교실에서 정해진 시간에 정해진 만큼 딱 부러지게 하는 것이 아니라 교실 외의 장소에서 시간과 공간, 분위기의 유동성에 따라 얼마든지 내용과 형식이 변할 수 있다. 심지어 현장의 사정이나 그날의 기후에 따라서도 바뀔 수 있으며, 때로는 현장에 있는 것을 다 하려면 하루가 모자랄 판이다. 그러니 모든 걸 아우르는 교재보다는 꼭 필요한 내용을 중심으로 가볍게, 그리고 간단히 핵심만 추려서 만드는 교재가 차라리 더 낫다.

일곱째, 한 주제에 집중하는 교재를 만들자.

체험학습을 가서 이것저것 다 하려고 욕심을 내면 십중팔구 어려움에 빠지게 되어있다. 모든 걸 다 하려니 교재도 두터워지고, 할 내용도 많아지고, 시간도 꽤 걸리기 때문이다. 그런데 가볍게 하려니 뭔가 교재로 맞지 않는 것 같아 고민이 된다. 그럴 때는 과감히 결정을 내리도록 하자. 그날 체험활동 가운데 체험학습 주제와 가장 잘 맞아떨어지는 내용을 중심으로 교재에 집중하는 편이 더 알찬 방법이다. 주제도 살리고, 현장에서의 묘미도 살리는 일석이조의 효과를 본다.

여덟째, 숲과 나무를 동시에 보는 교재를 만들자.

체험주제에 집중하면서 관련된 숲 전체와 숲 속의 나무를 같이 살피도록 엮어보자. 현장의 체험에 얽힌 배경과 유래, 그 체험의 원인과 경과, 결과와 과제, 오늘날과의 비교를 통해 전체상황을 알도록 하고, 그 체험에서 생겨난 주요사건이나 과정을 구체화해 다룸으로써 상세한 부분에 대해서도 생각할 수 있도록 함이 바람직하다.

아홉째, 학년이 낮을수록 그리기가 많은 교재를 만들자.

그리기는 현장을 눈여겨볼 수 있다는 강점이 있다. 교재에 자세히 그리기를 하도록 유도하면 현장에서 필요한 부분에 대하여 더 상세히 관찰할 수 있다. 그리는 대상은 그날 체험학습의 주제에 맞춰 꼭 자세히 관찰했으면 하는 걸 대상으로 삼으면 된다. 단, 시간배정을 잘해야 한다는 게 주의할 점이다. 그리기는 쓰기보다 시간이 많이 걸리므로 지나치게 시간이 오래 걸리는 그리기, 아이가 그리기에 힘겨운 그리기는 피하도록 하자.

교재를 제작할 때는 앞선 원칙 말고도 다른 원칙을 더 내세울 수 있다. 중요한 것은 어떤 원칙을 내세우느냐가 아니라 그런 원칙을 내세운 뒤 정말로 그런 원칙에 충실한 교재를 만들 수 있느냐는 거다. 그러므로 이런저런 환경과 조건을 고려할 때 당장 체험학습 교재를 모든 교사가 다 잘 만들도록 기대할 필요는 없다. 그렇지만 이렇게 작은 원칙이라도 정하고, 역할을 나누어 서로 한 걸음씩 실천하면 머지않아 훌륭한 체험학습 교재가 탄생할 것이다.

3) 교구

체험학습을 보다 실감 나게 진행하려면 교구도 활용할 수 있다. 그런데 체험학습은 체험현장을 찾아 떠나는 교육인데 굳이 교구가 필요할까? 사실 모든 체험학습 현장에 교구가 반드시 필요한 것은 아니지만, 현장의 사정에 따라서는 교구가 필요한 부분도 있다. 어쩌면 현장의 모든 게 교구가 될 수도 있으니 이왕이면 그걸 적절히 활용하는 편이 더 낫다.

보기로 생태체험이나 역사체험을 떠났는데, 체험현장의 보호규정에 따라 직접 들어가서 확인할 수 없을 때 교구는 요긴하게 써먹을 수 있는 학습 도구이다. 자연환경생태보존지구, 철새보호지, 궁궐이나 문화유산 중 보호를 위해 출입을 금지한 부분, 제자리를 떠난 문화유산, 왕릉 같은 체험현장이 그렇다. 그런 부분은 아무리 친절하게 잘 설명한들 직접 확인하지 않고서는 머리에 그 내용이 쏙쏙 들어가기 어렵다. 그럴 때 사진이나 모형, 설계도나 동영상 같은 교구는 참으로 유용한 수단이 된다. 또한, 폐허가 된 역사유적지, 공룡화석처럼 당시의 모습을 제대로 그려낼 수 없을 때 모형이나 동영상자료는 체험현장을 이해하는 유용한 매개체로 활용된다.

이때, 주의할 점은 가는 곳마다 교구가 죄다 필요한 건 아니라는 거다. 아이의 궁금한 대목을 해소하고, 꼭 필요한 장면에서 한두 번쯤 활용하는 정도면 적당하다.

그렇다면 체험학습에서 필요한 교구로는 어떤 게 있을까?

첫째, 현장을 더욱 자세히 살피기 위한 교구가 필요하다.
철새탐조를 갔다면 다른 것은 몰라도 조류도감이나 철새탐조망원경은 꼭 필요하지 않을까? 그런 교구 없이는 철새의 생김새나 색상, 부리에서 발까지 제대로 살필 수 없다. 탐조망원경으로 살펴본 조류의 이름이라도 알고 싶다면 마땅히 조류도감을 현장에서 펼쳐 보지 않을 수 없다. 욕심을 부려 아이에게 철새의 울음소리를 들려주고 싶다면 미리 녹음한 새소리도 필요할 것이고, 철새의 울음소리를 현장에서 녹음할 거라면 녹음기도 필요하다.
곤충탐사나 식물탐사를 가더라도 사정은 마찬가지다. 기본으로 필요한 교구는 곤충도감과 식물도감일 것이고, 곤충 혹은 식물을 채집하거나 더 자세히 보기 위해 채집통이나 포충망, 집게나 정전 가위, 돋보기나 작은 관찰현미경, 물통이나 빈 통 정도가 필요할 것이다. 수생식물이나 작은 벌레, 곤충이나 양서류의 알 따위를 살펴보려면 교구를 챙겨야 현장에서 살아있는 체험을 할 수 있다.

둘째, 현장에서 모자라는 부분에 대한 보충교구가 필요하다.

역사체험을 떠났는데, 앞서 말한 것처럼 출입이 제한된 구역의 유물, 유적지에 대한 생생한 현장감이 필요하다면 그 유물, 유적지에 대한 사진이나 동영상자료는 필수다. 천연기념물지역이나 자연생태복원을 위한 휴식년제 지역으로 체험을 갔을 때도 사진이나 동영상자료는 유용하다. 그럴 때는 비록 현장에 들어가지 못하고 멀찌감치 떨어져서 보더라도 교구를 활용해 어느 정도 대체효과를 기대할 수 있다. 일부 유물, 유적지는 모형도 구할 수 있으니 그걸 활용해도 좋다. 모형은 사찰이나 궁궐, 왕릉처럼 넓은 지역을 한눈에 돌아볼 때, 건축물이나 선박, 무기나 옷처럼 여러 가지를 비교할 때 특히 유용한 교구다.

셋째, 체험학습에 대한 호기심이나 기대심을 불러일으킬 때도 교구가 유용하다.

실제와 다른 색을 넣은 그림이나 합성사진, 여기저기서 오려 모은 자료 등을 보여주면서 체험활동을 진행하는 것도 한 방법이다.

예컨대 역사체험을 할 때 단군 할아버지의 얼굴 모습이 어떻게 생겼을까를 상상해 그려본다고 하자. 그럴 때 단군의 모습을 몇 가지 미리 준비해 가는 거다. 단군상은 주로 단군을 모신 사당에 많이 있으므로 참고하면 된다. 이런 과정을 거친 아이가 우리 겨레의 역사를 연 고조선에 관심이 높아질 것임은 물어보나 마나이다.

넷째, 체험현장에 있는 것들도 교구로 활용한다.

미처 교구준비를 하지 못했다 하더라도 현장에는 풍부한 교육재료가 우리를 기다리고 있다. 참으로 고맙게도 이 나라 방방곡곡은 가는 곳마다 돌 하나, 바위 하나에 얽힌 사연이 많고, 못이나 개울에도 저마다 생태가 숨 쉬는지라 널린 게 자연 상태 그대로의 교구라 할 수 있다. 게다가 우리는 역사가 긴 만큼 비석 하나, 현판 하나, 빈터 하나가 모두 훌륭한 교구의 역할을 한다.

보기로 석기시대에 관한 체험활동을 위해 선사박물관을 다녀왔다고 치자. 그런 뒤에는 가까이에 있는 돌과 나뭇가지를 활용해 선사 때 사람들이 쓰던 물건을 같이 만들어보면 된다. 이때 돌과 나뭇가지는 중요한 교구로 변신한다. 아이는 돌을 갈면서, 나무를 다듬으면서 선사 때 사람이 얼마나 힘들게 도구를 만들어 썼는지 새삼 놀랄 것이다.

다섯째, 자연물을 교구로 쓸 때는 시기와 장소를 잘 골라야 한다.

체험현장에 대한 이해 없이 자연 교구를 즉석에서 살려 쓰기란 여간 어려운 것이 아니다. 따라서 체험학습을 책임진 교사는 재미난 체험활동을 위해 발로 찾아다니고, 전문가의 도움을 받고, 자료를 찾아 공부하는 것을 낙으로 삼아야 한다. 교구활용의 성패는 일반체험활동의 원리와 마찬가지로 교사가 바르게 알고 행하는 것에 있다!

또한, 대부분의 자연생태체험이나 역사체험에서는 인공적인 교구도 훌륭하지만 때때로 자연적인 교구에 의존하는 게 더 좋은 체험활동이 될 수도 있다. 높은 곳에서 낮은 곳으로, 부분에서 전체로, 가까운 곳에서 먼 곳으로 옮겨 다니면서 둘레에 있는 자연물, 역사물을 마음껏 살려 쓰는 것이 자연적인 교구의 매력이다. 그러나 애써 떠난 체험현장에서 시기를 맞추지 못하여, 장소를 적당히 고르지 못해 낭패를 겪는다면 물거품이 될 수도 있다. 그래서 현장에서 교구를 활용할 때는 그 시기와 장소도 고민해야 한다.

여섯째, 주제와 맞아떨어지는 교구를 선정한다.

교구란 대체로 생생한 화보나 사진, 음향처럼 시청각자료를 통해 그 체험활동이 요구하는 교육 효과를 높이는데 한 몫 한다. 그래서 때로는 필요한 교구를 구하러 동서남북, 사방팔방으로 뛰어다녀야 할 필요도 생긴다.

보기로 신문박물관에 언론의 역사와 문화에 대하여 알아보러 갔다고 치자. 박물관에 필요한 자료 대부분은 다 있지만, 따로 챙겨 가면 더 좋은 게 있다. 호외다! 호외도 물론 박물관에 비치돼 있다. 하지만 요즘에 볼 수 있는 것이 아니라서 아이는 호외가 무엇인지도 잘 알지 못한다. 그럴 때 준비해 간 호외를 아이에게 나눠주거나 보여주면 호외에 대하여 쉽게 알 수 있다. 호외를 오늘날 휴대전화기의 문자나 SNS와 비교하면 언론의 역사와 문화를 찾으러 떠난 체험현장의 분위기가 한 층 더 진지해질 터다.

일곱째, 지도를 교구로 활용한다.

어디를 가건 빠져서는 안 될 교구로 지도를 들 수 있다. 무슨 체험이건 체험현장으로 갈 때는 아이에게 지금 우리가 어디로 가는지에 대하여 교육해보자. 인생길에서 살아가야 할 방향성과 인생관이 소중하듯 지도는 그날 체험학습에서 오갈 길에 대한 길잡이 노릇을 해준다. 그러니 아이에게 지도를 나누어주고, 그 지도를 활용할 방안을 찾아보자.

전국지도나 현장에 대한 전문지도, 안내도나 개념도를 사전에 준비하여 같이 살펴봄으로써 '지금 우리는 어디에 있으며, 어디로 가서 무엇을 할 것인지, 다시 어디로 갈 것인지'에 대하여 이야기를 나눌 수 있다. 길에 펼쳐진 정보의 보물지도인 지도를 외면하는 것은 인생길에 펼쳐진

보물 상자를 내팽개치는 것과 다름없다.

여덟째, 대상에 따라 특수 교구가 필요하다.

체험학습의 대상이 누구냐에 따라서 특별히 교구를 따로 만들 수도 있다.

시각장애아의 경우라면 점자 책이 좋은 교구로 활용될 것이다. 또한, 녹음기처럼 소리로 현장에서 교육 효과를 높이는 교구도 빠뜨릴 수 없다. 지적장애아는 당연히 그에 맞춘 특수 교구가 필요하다. 그러나 현실은 장애아를 위한 체험학습 교구가 충분하지 않으므로 장애아를 상대로 하는 교구는 좀 더 공을 들여야만 확보할 수 있다.

한편, 읽기나 듣기, 말하기나 쓰기가 서툰 다문화가정 아이가 있다면 역시 그에 맞는 교구를 활용하면 보탬이 된다. 그럴 때는 대체로 그림이나 사진, 동영상자료가 훌륭한 교구로 자리매김할 수 있다.

앞에서 든 교구 말고도 필요에 따라 저마다 교구를 준비할 수 있다. 교구를 쓸 때도 위의 보기나 방법 말고 사정에 따라 얼마든지 달리 활용할 수 있다. 현장에서 쓸 교구는 이미 기존에 준비된 것도 있을 것이나 대부분은 교사의 자발성과 창의성에 따라 새로 만들 수도 있다. 종종 교사가 따로 만드는 편이 교사나 학생 모두에게 도움이 된다. 교실의 사정과 형편에 따라 필요한 교구를 장만하는 것이 더 나을 수도 있기 때문이다.

4) 사전수업

체험학습 전 수업에서는 지나치게 다양한 지식이나 정보를 아이에게 퍼부을 필요가 없다고 수차례 짚었다. 알찬 체험학습을 준비하려는 마음으로 인해 사전수업에 목매다는 경우를 간혹 보는데 굳이 그럴 필요까지는 없다. 그보다는 현장에서 어떻게 할지, 현장을 다녀온 뒤에는 어떻게 할지에 대하여 더 고민하는 게 바람직하다. 체험학습 전에 하는 수업은 대부분 예습에 해당한다. 예습은 아이에게 체험활동과 현장에 대한 기대와 호기심을 불러일으키는 것만으로도 충분하다. 체험현장에 대한 사전지식도 하나 없이 떠나는 것보다는 약간의 사전지식을 갖고서 현장체험을 하는 게 좋으므로 사전수업을 진행하되, 아이가 흥미와 관심을 둘 수 있는 선에서 간단히 진행하는 것이 바람직하다.

그럼 체험학습을 떠나기 전에 하는 수업에서는 어떤 점에 주안점을 두는 게 좋을까?

첫째, 지나친 지식과 정보를 주는 것은 금물이다.

이럴 때 아이는 종종 체험학습이 부담스러워진다. 또는, 체험현장에서 퍼부어질지도 모를 지식과 정보, 질문에 대한 두려움부터 생겨난다.

정보 과잉이 되면 현장에서 전할 말이 줄어들며, 기껏해야 같은 말을 되풀이하는 수준밖에 안 된다. 어떤 아이에게는 되풀이하는 설명이 기억을 떠올리게도 하지만, 어떤 아이에게는 잔소리나 지루한 되풀이에 그칠 수도 있다. 그러면 현장에서 주의가 산만해지기 일쑤고, 체험학습의 의도를 무너뜨리기 십상이다.

따라서 사전수업에서는 체험활동의 밑그림을 그리고, 체험주제에 대한 숲을 보여주고, 그 숲 안에 어떤 활동이 기다리는지에 대한 이야기면 충분하다. 체험학습의 주제와 목적, 뼈대만 보여주더라도 충분히 체험활동 및 체험현장에 대한 기대와 호기심을 높일 수 있으며, 그것으로 만족하면 그만이다. 과욕은 결국 아이를 체험학습으로부터 멀어지게 할 뿐이다.

둘째, 아이 스스로 하도록 진행하는 게 바람직하다.

체험학습의 대강을 알려준 뒤 현장에 대해 필요한 학습을 아이에게 맡기는 거다. 도서관에서 관련된 책을 찾아보거나, 인터넷에서 필요한 정보를 검색하거나 해서 스스로 예습하도록 권해보자.

그렇다고 해서 모든 것을 떠넘기거나, 경험도 없는 아이에게 알아서 하라는 것도 바람직하지 않다. 그럴 때 어떤 아이에게는 취지와 무관하게 자율수업이 또 다른 두려움과 부담으로 다가선다.

그러니 처음에는 무엇을 찾아야 하는지, 무엇을 공부해야 하는지 그 방향에 대하여 자세히, 구체적으로 전달하도록 하자. 그러다가 차츰차츰 아이의 숙련도에 따라 그 자율학습의 강도를 조절하면 된다.

셋째, 기대와 관심은 구체적인 소재를 소개하거나 적절한 과제를 던질 때 가능하다.

체험현장에서 살아있는 교육을 하려면 교사의 충분한 준비와 더불어 아이의 호기심과 관심도 맞아떨어져야 한다. 호기심 유발을 어떻게 할 것인가는 체험학습에서도 여전히 중요한 화두이므로, 사전수업에서는 현장에 대한 궁금증을 키우는데 한껏 힘써야 한다.

'이번 체험학습에서는 이런 걸 주로 보게 될 거다. 이 사진을 유심히 보면 이 부분은 다른 부분과 다른데 왜 그럴까? 잘 모르겠으면 현장에서 같이 알아보자!'는 정도면 된다.

결국, 체험현장에 관심을 끌어올리기 위한 준비활동이므로 사전수업에서는 문제 제기만으로도 충분하다.

넷째, 교구를 몇 가지 준비해 아이의 기대치를 높여주면 좋다.

체험활동 및 체험현장과 관련된 동영상을 틀어주거나, 사전답사에서 찍어 온 사진을 활용하면 새로운 느낌이 들 수도 있다. 혹은, 교사가 사전에 체험한 활동 성과물을 가져와 보이는 것도 괜찮다.

도자기 체험을 떠난다면 교사가 제작한, 혹은 현장에서 제작한 도자기를 가져와 슬쩍 보여주는 것만으로도 아이의 마음은 이내 도예체험 현장으로 달려간다.

기대치를 높이기 위해 체험현장의 분위기를 실제와 달리 과장, 축소하지 말고 있는 그대로 전달하면 미리 들뜨거나 실망하는 것을 어느 정도 막을 수 있다.

다섯째, 지도교육을 미리 하자.

체험현장이 한국 전체로 봤을 때 어디에 자리하는지, 우리가 사는 곳에서 어느 쪽으로 가면 되는지, 오갈 때는 어떤 교통편으로 움직이는지를 함께 찾는 거다. 이런 지도교육은 체험현장에 대한 밑그림을 그리는 기초가 된다. 특히, 사회과부도처럼 인문정보가 포함된 지도를 활용하면 더욱 좋다. 호기심이 생기면 찾아가는 현장의 이모저모에 대하여 찾기 마련이고, 그럴 때 사회과부도는 맹활약할 수 있다.

만약, 아이가 일반지도에 흥미가 없다면 그림지도나 입체지도부터 시작하면 된다. 아니면 학교나 학원 둘레의 동네지도부터 시작해도 괜찮다.

지도교육을 할 때는 등고선이나 축척, 기호처럼 애들에게 부담스러운 것은 서두르지 말고 지도에 익숙해질 때 알려주도록 하자. 처음에는 동서남북 어디로 오가는지, 현장에서 어떤 경로로 움직이는지만 해도 그만이다.

이처럼 간단히 체험활동에 대한 개요와 현장소개를 하고, 아이 스스로 그런 활동의 내용을 찾도록 이끌고, 함께 즐거운 체험학습을 기대한다면 멋진 사전수업이 될 것이다.

5. 준비물

　지금까지 체험학습을 떠나기 위해 몇몇 과정을 거쳤다. 이제 남은 건 준비물 점검이다. 체험학습을 떠날 때면 교실에서 수업할 때와 달리 이런저런 챙길 거리가 많다. 체험현장으로 떠날 때 필요한 준비물로는 어떤 것들이 있을까?

1) 공동준비물

　체험학습을 떠날 때 필요한 준비물 가운데 일부는 공동으로 준비해야 하며, 일부는 개인이 준비해야 한다. 먼저 공동준비물부터 살펴보자.

　첫째, 구급 약품이다.

　안전사고 및 응급처치와 관련된 준비물로, 평소 구급약 상자에 갖춰 두면 된다. 내복약으로 해열제, 진통제(두통·치통·복통·생리통 관련), 멀미약, 소화제, 설사약, 감기약 등을 갖추고, 외상 약품으로 밴드, 붕대, 반창고, 탈지면, 소독수건, 소독약, 마스크, 가위, 멀미 봉투, 벌레 물린 데나 쏘인 곳에 바르는 약, 상처가 덧나거나 곪지 않도록 바르는 연고 등이 필요하다.

　체험학습이 주로 실외에서 이루어지며, 실내라 하더라도 평소 생활하는 교실보다는 아무래도 안전사고의 우려가 큰 것이 사실이다. 아무리 안전을 강조하더라도 실외 체험활동은 산만해지기 쉬운 데다, 갖가지 시설 및 장비조작의 미숙, 현장의 부실관리로 언제, 어디서, 누가 다칠지 알 수 없다. 실내 체험활동에서도 관련 기기나 집기로 다칠 가능성은 늘 존재한다. 그래서 사전답사를 할 때는 반드시 안전사고에 대비한 준비물부터 철저히 확인해야 한다.

버스로 이동할 때는 버스마다 구급약 상자가 적어도 하나씩은 있어야 한다. 또한, 구급약 상자를 버스 아래쪽 짐칸에 두는 건 절대 금물이다. 차량 안에서도 얼마든지 가벼운 충돌이나 장난으로 긁힘과 같은 상처가 발생하기 때문이다. 그러므로 구급약 상자는 언제든지 교사의 손이 미치는 곳에 두도록 하자.

둘째, 버스표식이다.

차량에 매달 현수막 혹은 차량의 앞면 유리에 붙일 표식이 필요한데, 이는 단체로 이동하거나 복잡한 주차장 같은 곳에서 아이가 쉽게 찾아올 수 있도록 하기 위함이다.

표식은 버스 전면 혹은 옆면에 부착하는데, 전면 유리창에 붙이는 것이 식별에 유리하다. 운전기사의 시야를 방해하지 않도록 하되, 버스를 오르내리는 아이 눈에도 잘 띄도록 차량 밖에서 봤을 때 전면유리창의 왼쪽 하단 부분이 괜찮다.

요즘은 버스의 앞면, 옆면에 전광판을 설치해 단체명과 행선지를 표시하는 곳이 많으므로 전광판 유무도 미리 확인한다.

셋째, 촬영기기다.

대표적인 게 디지털카메라와 디지털캠코더다. 이런 촬영기기는 체험학습의 전 과정을 영상기록으로 남기는 것이므로 따로 전담할 사람이 있으면 더욱 좋다.

가능하다면 디지털카메라를 버스마다 한 대 정도는 비치해 개인사진과 단체사진을 골고루 찍어두면 체험학습을 다녀온 뒤 체험 후 활동을 할 때, 행사자료집이나 학급소식지를 만들 때 크게 도움이 된다.

넷째, 깃발이다.

현장에서 이동할 때 아이가 길을 잃지 않고 쉽게 따라오도록 하는 용도다. 간단히 접었다 펼 수 있는 낚싯대 같은 봉에다 손수건 크기의 깃발을 매달면 된다.

이왕 깃발을 쓸 거라면 깃발문양은 학교나 학원차원에서 통일시키는 것이 좋다. 그래야 혹시라도 길을 헤매는 아이가 있으면 언제든지 같은 깃발 아래에 있는 교사에게 도움을 청할 수 있다. 만약, 준비를 미처 못 했다면 양산에다 손수건을 매다는 방법으로 대신해도 된다.

다섯째, 단체도시락이다.

단체로 점심 도시락을 준비한다면 신중을 기하자. 도시락은 날씨, 음식재료의 상태, 보존기간에 따라 상할 수도 있으므로 각별한 주의가 필요하다.

날이 더울 때는 식중독 사고를 일으키기도 하므로 체험현장 부근의 믿을만한 업체에 부탁해 체험현장으로 곧장 배달되도록 함이 좋다. 필요하다면 얼음 상자와 얼음을 충분히 공급받아 밥이나 반찬이 상하지 않도록 해야 한다.

요즘은 출장뷔페식으로 음식을 하는 곳도 많다. 비싼 가격이 흠이지만 식중독이나 장염처럼 음식물사고를 예방하는 것에는 그나마 도움이 된다. 단, 부실업체도 있으므로 확실히 알아본 다음 결정하자.

여섯째, 간식거리다.

생수가 필요하다. 요즘은 관광버스에도 마시는 물이 갖춰져 있는 경우가 많으나 그 물이 위생상 불안하다 싶으면 미리 생수를 넉넉히 준비하자.

과일을 준비했다면 상한 과일이 없는지, 빵이나 과자는 유통기한을 넘기지 않았는지 살펴야 한다.

몸에 나쁜 과자나 음료수는 삼가도록 하고, 음식물쓰레기 처리를 위한 봉투도 마련하자.

일곱째, 교재와 교구다.

체험활동에 필요한 교재와 교구를 미리 잘 챙겨두어야 한다. 파손되지 않도록 주의하되, 현장에서의 오염이나 훼손, 분실에 대비하여 미리 여분을 넉넉히 준비하자.

교구는 부피가 큰 것은 될수록 피하고, 이동에 간편한 것을 갖추도록 해야 현장에서 편리하다. 오가는 버스에서 볼 동영상물을 교구로 선정해도 된다.

여덟째, 필기도구다.

필기도구를 깜박해 가져오지 않거나 잃어버릴 수 있으므로 필기도구도 여분을 준비하자.

어떤 아이는 귀찮다고 필기도구를 챙기지 않는데, 그런 경우엔 주의를 시켜 필기도구를 꼭 가지고 다니도록 지도한다.

아홉째, 이름표다.

목에 거는 이름표가 보통인데, 이름표와 끈이 잘 떨어지지 않는 걸로 준비하자.

이름표에는 길을 잃을 경우를 대비해 아이의 이름과 현장의 선생님 연락처, 학교 또는 학원의 연락처를 반드시 적어둔다.

열째, 기타 준비물이다.

체험현장의 특수성으로 인해 때로는 확성기나 천막, 학교의 시설이나 물품 일부를 옮겨야 할 때도 있다. 또, 악기의 이동이나 음향기기 설치, 전기와 조명시설 설치도 할 수 있으므로 그런 부분은 사정에 맞추어 준비한다. 대개는 외부업체에 맡기는 경우가 대부분이다.

이렇게 전체가 준비해야 할 공동준비물은 현장으로 떠나기 전날에 담당교사끼리 모여 충분히 논의하고, 확인점검을 하고, 한곳에 모아두면 현장으로 떠나는 아침이 덜 피곤해진다. 또, 각자의 사정에 따라 필요한 공동준비물이 더 있다면 추가하고 불필요하다면 삭제한다.

2) 교사 개인준비물

체험학습을 떠나는 교사는 공동의 준비물 말고도 개인준비물 또한 필요하다. 어떤 게 있으면 좋을지 살펴보자.

첫째, 각종 도감이다.

인물도감, 식물도감, 곤충도감, 조류도감, 유물색인, 백과사전처럼 체험활동의 주제와 내용에 따라 필요한 도감이나 사전을 챙기도록 하자. 도감이나 사전은 체험현장에서 필요한 것을 즉시 찾아봄으로써 호기심과 궁금증을 곧장 해결할 수 있으며, 체험대상에 대한 관심을 끌어올린다.

둘째, 지도다.

체험현장의 지도와 전국 지도를 가져가 아이와 여행경로를 같이 확인해보자. 번거롭다 싶으면 아예 교재 앞쪽에다 체험현장의 지도와 전국지도를 확보하고, 가는 곳을 현장에서 확인하면 된다.

차량에 시설이 돼 있다면 스마트폰이나 노트북을 이용하는 것도 고려하자.

셋째, 배낭이다.

배낭에는 구급약통과 도감, 사진기와 물, 그 밖에 필요한 물건을 챙겨 넣어야 하므로 산행할 때 쓰는 배낭처럼 끈이 튼튼한 게 좋다.

체험현장에서는 두 손이 자유로워야 하므로 손가방보다는 배낭을 준비하도록 하자.

넷째, 명단이다.

아침에 아이가 나오지 않거나 연락이 안 될 경우를 대비해 집과 학부모의 전화번호가 표시된 명단과 비상연락망을 반드시 챙기도록 한다.

다섯째, 운전기사와 현지의 긴급연락처이다.

이는 운전기사와 협조를 해서 인원을 파악하거나, 이동하는 시간을 줄이거나 할 때 꼭 필요하다. 드물긴 하지만 지각하는 운전기사도 있으므로 미리 전화해 늦지 않도록 배려함이 좋다.

긴급한 경우에 도움을 받을 수 있도록 병원이나 경찰, 소방서처럼 현지의 긴급연락처도 확보하자. 체험현장의 관리사무소나 현지에서 체험안내를 맡은 사람의 연락처 또한 필요하다.

여섯째, 필기도구와 수첩이다.

교실에서와 달리 체험현장에서는 메모할 것이 많다. 체험현장에서 일어나는 사건, 사고, 생각, 느낌을 실시간으로 적어야 할 필요도 있으므로 필기도구와 수첩은 반드시 챙겨야 하는 필수품이다.

일곱째, 체험활동 일정표다.

교안은 일정표 안에 포함되도록 작성하자. 물론, 체험현장에서 전체 일정과 교안을 따로 작성해 갈 수도 있다. 어느 쪽이건 편한 쪽을 택하면 그만이다.

여덟째, 선물이다.

아이를 위해 특별히 선물을 마련할 수도 있는데, 이는 필수라기보다는 선택사항이다. 선물은 간단히 준비하자. 부담이 가지 않도록 고르되, 체험현장이 아이의 추억에 남을 수 있도록 배려한다.

인삼의 고장이라면 인삼사탕을 맛보게 하는 것처럼 현지의 특산품이면 더 좋다.

볼펜이나 휴대전화기의 고리 같은 것도 괜찮고, 미리 인쇄를 부탁해서 애정이 담긴 말이나 문양을 새겨 주면 멋진 기념품이 될 수 있다. 그러나 경비가 꽤 들기 때문에 개인이 책임지기에는 적지 않은 부담이 된다.

아홉째, 기타 준비물이다.

체험현장에서도 개인이 필요로 하는 물품이 있다. 그런데 기호품목 가운데 몇 가지는 절제하는 게 좋다. 담배나 술, 이어폰이 그런 보기에 속한다. 담배와 술은 굳이 더 설명이 필요하지 않을 터다. 음악이나 영화를 즐긴다면 이동하는 막간에 쓰려고 이어폰을 챙겨갈 수도 있다. 그러나 체험현장으로 떠날 때는 자제하도록 하자. 왜냐하면, 아이랑 떠나는 체험활동에서 교사는 모든 오감을 아이를 향해 열어두어야 하기 때문이다.

현장에서 아이가 무슨 이야기를 나누는지, 어떤 짓을 하는지, 무엇을 생각하는지, 몸 상태는 어떤지를 수시로 살펴야 한다. 아이는 아침에 괜찮다가도 점심을 먹은 후에 갑자기 아플 수도 있고, 친구랑 다투어 기분이 상할 수도 있다. 종일 기분이 유쾌했다가도 돌아올 때 갑자기 우울해질 수도 있다. 그런 예기치 못한 상황에 대비해야 하는 교사로서는 비록 음악이 흐르는 여행이 그립더라도 아이와 즐거운 한때를 보내기 위해 자제하는 편이 더 낫다.

3) 아이 개인준비물

아이가 집에서 따로 준비해야 할 것은 학부모에게 보낼 가정통신문으로 전하면 된다. 이때도 그냥 준비물 목록만 보낼 게 아니라 짧지만, 준비물에 대한 설명글을 곁들여보자. 어깨에 짊어질 배낭을 준비할 때 크기는 어느 정도면 되는지, 형태는 어떤 것이 좋은지를 덧붙인다면 학부모로서는 무척이나 고마울 것이다. 물도 그냥 물이라 하지 말고, 계절에 따라 따뜻한 물, 찬물을 준비시키거나, 물의 양도 구체적으로 알려주자. 옷차림이나 신발, 갈아입을 옷이나 수영복, 샌들이나 물안경, 도시락이나 간식, 필기도구와 수첩, 사진기나 다른 준비물도 한두 줄 설명을 보탠다면 학부모의 고민을 많이 덜어주는 셈이다. 무엇보다 저학년은 학부모 또한 체험학습에 대한 경험이 적은지라 이렇게 몇 차례 전해주면 준비물을 빠트리지 않고 잘 챙기게 된다.

첫째, 가방이다.

아이가 간식이나 필기도구, 물이나 사진기 등을 넣어 다니기에 편한 것이면 좋다. 끈이 질겨서 쉽게 떨어지지 않는 가방이나 배낭을 권장하자.

둘째, 간식이다.

도시락을 따로 챙긴다면 도시락을 비롯해 물이나 과일, 간단한 간식을 챙기도록 하자. 간식이나 도시락이 필요하지 않다면 굳이 먹을거리를 준비할 필요는 없다.

셋째, 복장이다.

옷차림이나 신발은 체험학습의 주제나 내용에 맞추어 입도록 권하자. 활발한 옷, 편한 옷, 움직이기 좋은 옷을 제안하고, 계절에 따라 따뜻한 옷, 시원한 옷, 수영복, 방한복을 권하면 된다. 옷이 젖거나 더럽혀질 경우를 대비해 여벌의 옷도 준비시키자.

넷째, 필기도구다.

연필을 비롯한 각종 필기도구와 책받침이 있으면 현장에서 필요한 것을 메모하거나 교재를 풀이할 때 편리하다.

다섯째, 기타 준비물이다.

체험현장의 장소와 내용, 기간에 따라 수시로 바뀔 것이므로 그에 따라 필요한 것을 준비하도록 한다.

6. 교사의 특별준비

　체험학습을 할 때 바람직한 교사의 모습은 어떤 것일까? 아이는 현장에서 교사의 어떤 모습을 보면서 자라는 걸까? 어떻게 해야 체험현장에서 교사는 아이와 잘 어울릴 수 있을까? 대답은 간단하다. 아이와 함께 아이처럼 움직이면 된다. 체험학습 내내 아이랑 함께 있는 모습, 아이랑 같이 즐기는 모습을 보여주는 걸로 끝이다. 같이 그리고 함께! 이것이 체험학습에 있어 바람직한 교사의 모습이다.

　그러나 체험현장에 가보면 그렇지 않은 교사가 보이기도 한다. 교사는 아이에게 시키는 사람, 끼어드는 사람, 함께 하지 않는 사람으로 비친다. 그럴수록 아이는 교사와의 사이에 담을 높이 쌓는다. 그래서 교사는 심신이 피곤하더라도 언제나, 어디서나, 어떤 상황에서나, 아이와 부대끼며 체험학습을 즐기는 모습을 보여줘야 한다. 신나고 즐겁게 다니는 것만으로도 얼마든지 훌륭한 체험학습교사가 될 수 있다.

　물론, 어찌 그것만으로 모든 걸 다 충족시키겠느냐마는 아이와 함께 즐길 수 있다면 첫 출발은 일단 성공한 셈이다. 훌륭한 체험학습교사가 되려면 자세나 태도, 마음가짐을 새로 되새기거나 새삼 삼가야 할 부분도 있다. 교사의 자세나 태도, 마음가짐에 따라 현장에서 행해질 체험학습의 내용과 질, 아이와의 관계가 확 달라지는 탓이다. 그렇다면 특별한 준비를 어떻게 하면 좋을까?

1) 교사의 마음가짐과 자세

첫째, 아이에 대한 이해를 높여야 한다.

유아와 어린이, 청소년에 대한 정보에 관심을 기울여 아이의 문화, 아이의 언어, 아이의 삶에 대하여 어른으로서 내려다보는 자세가 아니라 아이와 같이하는 자세가 필요하다. 즉, 아이가 즐기는 모든 것을 보고, 듣고, 겪고, 배우고, 익히도록 노력해보자.

말투에서부터 휴대전화 사용, 인터넷문화와 TV문화에 이르기까지 요즘 애들이 무엇을 경험하는가를 파악하는 것이 우선 중요하다. 아이들의 문화에 기꺼이 뛰어들어 아이의 세계를 두루 경험할 때 비로소 아이와 진정한 대화가 가능하다.

둘째, 변하고 있는 아이들의 공동체문화를 알아야 한다.

통신과 교통산업의 발달로 생겨난 인터넷과 휴대전화기는 아이의 생활, 아이의 공동체문화도 바꾸어 놓았다. 스마트폰 하나만 있으면 생활에 필요한 거의 모든 부분에 손쉽게 접근할 수 있다. 그 결과 도구의 개인화로 생활의 편리를 가져다줬지만 동시에 새로운 문제도 일으킨다. 그 중 두 가지만 알아보자.

먼저 개인의 소외다. 산업혁명 이후 현대사회로 접어들수록 공동체 내에 개인의 소외가 심각해졌는데, 그건 정보혁명 이후에도 마찬가지며 아이 사회 또한 같은 상황이다. 실례로 비싼 전화기를 가진 아이와 그렇지 못한 아이 사이에는 높다란 벽이 존재한다. 소유한 전화기의 좋고 나쁨이 아이의 관계를 왜곡시키기도 하고, 전화기를 일찍 가질수록 전화기의 노예로 전락하는 일도 비일비재하다.

이어, 가상공간의 등장이다. 발달한 통신매체는 개인을 가상공간에서 살도록 부추기며, 때로는 가상공간 내에서 공동체를 엮어내기도 한다. 개인의 손아귀 안에서 신속히 이루어지는 소통의 결과 싫어도 하나의 망, 공동의 무리 안에서 생활하도록 강요당한다. 철저한 개인 지향으로 소외를 부추기면서도 동시에 공동체를 지향한다.

아이들도 바로 그 지점에 있다. 인터넷이나 전화기를 멀리하는 어른일수록 변하고 있는 아이들의 문화를 알기 어렵다. 설령, 교사가 변하는 아이 문화와 아이 사회를 다 읽는다 해도 지도받는 아이들이 반드시 올곧게 자란다는 보장도 없다. 교사가 아이를 이해하는 것과 교사가 아이를 지도하는 것은 또 다른 문제이기 때문이다! 그러나 적어도 아이가 인터넷에서 주고받는 관계나 흐름 정도는 읽어낼 줄 알아야 교사로서 의무를 다하는데 보탬이 되지 않을까? 아무래도 아이에 대한 이해가 높은 교사가 아이를 잘 지도할 가능성이 높지 않을까? 그래서 아이의 문화, 아이의 공동체문화를 알기 위해 더 많이 공부하고, 더 많이 논의하고, 더 많이 체험해야 하는 시대가 되어버렸다.

셋째, 자연에 대한 이해를 높여야 한다.

자연에 대한 사람의 이해를 끌어 올리는 것은 자연과의 공존을 통한 인류의 생존과 직결된다. 또, 자연을 통해 인류가 나아갈 길도 찾을 수 있으며, 진정한 공동체 정신은 자연과 하나 될 때 완성된다는 것을 아이랑 나누기 위함이다. 그러므로 자연과 자연현상을 유심히 살피고, 눈앞의 풀 한 포기, 발아래 돌멩이 하나도 허투루 보지 않는 버릇을 기르도록 하자. 그런 자연물도 우리에게 소중한 인연임을 깨달을 때 비로소 현장에 따라나선 애들도 자연과 더불어 하나 되는 법을 배우고, 익히지 않을까?

　바깥 체험현장에서 빼놓을 수 없는 교육이 바로 자연이다. 자연은 애들에게 죄다 신비의 대상이다. 햇살은 어떻게 빛나는지, 나뭇잎은 왜 푸른지, 구름은 왜 생겨나며, 벌레는 어떻게 살아가는지 궁금증을 유발하는 요인이 한둘이 아니다. 당연히 교사가 그 모든 것을 다 알아야 할 필요는 없다. 그렇다면 자연을 통해 아이에게 무엇을 전할 수 있을까? 자연과의 무한한 가능성이다! 아이랑 자연과 어울리면서 자연과 사람과의 일체감, 자연과 사람과의 공존공영을 내보이면 된다. 그러니 자연과의 교감을 위한 준비에도 소홀함이 없어야 현장에서의 체험활동이 찬란히 빛날 수 있다.

　넷째, 아이랑 기꺼이 즐기겠다는 마음가짐이다.

　열린 공간에서 아무런 부담 없이 아이랑 실컷 놀면서 즐기겠다는 자세와 태도를 갖자. 그럴 때 교사도 자유롭고, 아이도 즐겁다. 그럴 때 체험활동 또한 신나고 재미있다.

　그렇지 않고 지식이나 교훈을 전달해야 한다는 강박관념, 고정관념에 사로잡히는 순간, 그 체험활동은 확실히 재미도 떨어지고, 흥미도 줄어들기 마련이다. 그러므로 교사는 체험현장으로 갈 때면 아이들과 실컷 놀다가 온다는 편한 마음가짐으로 홀가분하게 떠남이 좋다.

　다섯째, 아이의 목소리에 귀를 기울여야 한다.

　언제, 어디서나 아이의 요구를 들어주고, 아이의 욕구를 충족시켜주자. 그런데 모범적인 교사 앞에서도 말을 잘 듣지 않는 아이가 있다. 왜 그럴까? 그건 교사가 모범을 보이는 것만으로 제 역할을 다 한 게 아니기 때문이다. 모범을 보이는 것은 당연히 필요하지만 그런 모범이 아이를 지도하는 잣대가 되어선 곤란하다.

차라리 그보다는 아이에게로 한 걸음 더 나아가는 자세가 필요하다. 기왕이면 모범을 보이는 것과 동시에 아이의 말을 잘 들어줄 필요가 있다.

가령, 체험학습 당일에 어떤 아이가 터무니없는 거짓말을 하면서 잔뜩 애를 먹이더라도 그런 아이의 말조차 진지하게 믿음을 갖고 들어주자. 그때 아이는 교사를 전폭 신뢰하게 된다. 종종 사고를 치는 아이는 뜻밖에도 그 아이가 하는 말을 다 들어주면 스스로 문제를 해결하고 떠나는 수가 많다. 체험현장에서 당장 실현이 불가능한 욕구를 가진 아이라도 그 이야기를 차분히 듣고 하나씩 그 욕구를 향해 같이 나아가는 모습을 보이면 아이는 언제 그랬냐는 듯이 차분히 제 생활로 돌아가는 경우가 많다.

아이의 요구와 욕구를 수용하려는 자세 또한 현장에서 분위기가 흐트러지는 것을 막기 위해 꼭 다져야 할 행위요, 마음가짐이 아닐까?

여섯째, 교사의 육체건강이 필요하다.

교사의 몸 상태는 즉각 체험학습의 질과 내용에 영향을 미친다.

만약, 교사가 무척 피곤한 상태라면, 아파서 몸 상태가 좋지 않다면, 전날 과음으로 숙취가 남아있다면 그날의 체험학습이 잘 될 리 없다. 몸을 많이 움직여야 하고, 주의가 산만한 공간에서 애들을 집중시켜야 하고, 심신의 스트레스를 많이 받아야 하는 체험학습의 특성을 생각할 때 소기의 목적을 달성하기란 쉽지 않다.

그러므로 체험학습을 떠나기 전날 충분히 휴식을 취함으로써 현장교육의 질을 스스로 높일 수 있는 몸을 만들도록 하자.

일곱째, 때로는 체험현장에서 무너져야 한다.

무슨 말인가 하면 현장에서 아이와 함께 신나고 즐겁게 무너질 각오도 필요하다는 거다. 경우에 따라 아이 앞에서 어릿광대 노릇을 할 수도 있으며, 아이와 더불어 무동이 되어 놀 수도 있다. 아이의 연령과 성별, 호기심이나 관심의 정도에 따라 어떤 형태로건 현장에서 즐거운 체험활동을 위해 때로는 어른이 아닌 아이로 돌아가 교사 자신을 무너뜨려 보자.

그건 귀찮고 힘든 일이 아니라 즐거운 체험학습을 위해 필요한 일이므로 정작 무너져도 무너지는 게 아니다. 오히려 아이에게 한 걸음 바짝 더 다가서는 큰 걸음이다.

어른이랍시고 뒷짐 지고 바라만 보면 아이와 더불어 즐길 좋은 기회를 다 놓치게 된다. 교사는 현장에서 연출가인 동시에 배우란 점도 잊지 말자.

여덟째, 마음을 열고 칭찬하는 자세를 지녀야 한다.

여럿이 함께 움직이는 현장에서는 자칫하면 불미스런 일이 생겨날 수 있다. 어른인 교사의 눈으로 보면 공공질서를 해치거나, 모난 아이를 찾아내기란 식은 죽 먹기다. 그러나 체험학습을 떠난 아이가 내내 야단맞고, 혼나고, 통제당한다면 그게 어디 즐거운 체험학습이랴.

그러므로 아이를 자유롭게 해주되 적절한 칭찬과 긍정성으로 이끌어 보자. 떠드는 아이를 나무라기 전에 떠드는 아이의 욕구불만을 해결하지 못한 것을 먼저 짚고, 장난치는 아이를 혼내기 전에 왜 장난치는지부터 고민해보면 어떨까? 혼을 내고 나무라는 것은 그다음에 해도 괜찮다. 단, 싸우거나 다툼이 일어나는 정도가 위험하다 싶으면 일단 말리고 보자.

아무튼, 아이에게 다 같이 잘하자는 격려의 박수도 보내고, 잘한 일에 대해선 칭찬도 아끼지 않으면 좀 더 밝은 현장 분위기를 가꿀 수 있다.

2) 교사의 의무와 역할

체험학습을 떠난 교사가 할 일은 생각 외로 많다. 조금만 방심하면 뭘 하나를 빼먹기 일쑤고, 체험현장에서 일어나는 예기치 못한 상황에 대처하다 보면 준비한 것을 빠트리기 십상이다. 그러므로 체험학습을 떠나는 교사는 현장에서 일어날 일까지 예상하여 그 준비를 잘 갖추어야 하는데, 그 준비 가운데 하나가 바로 교사의 의무와 역할이다. 어떤 것이 있는지 살펴보자.

첫째, 안전에 만전을 기해야 한다.

바깥활동을 할 때 안전만큼 유의해야 할 대목도 없다. 살아있는 현장 수업이 아무리 좋다고 한들 사고가 일어나 누군가 다친다면 그 의미는 반감되고 만다. 무엇보다도 안전이 늘 우선임을 새기도록 하자.

아이와 함께 다니면서 주의할 안전으로는 차량안전, 시설물 안전, 수상안전, 운동장 안전 같은 게 있다. 안전사고는 예방활동을 통해 얼마든지 줄일 수 있다. 안전에 대한 인식을 깊이 하고, 체험현장을 샅샅이 둘러봄으로써 안전에 대하여 철저한 대비를 갖추어야 한다.

안전의 또 다른 유형으로 기후안전이 있다. 국지성 집중호우가 쏟아지거나, 태풍이 몰아치거나, 폭염이 이어진다거나 하는 것이다. 그럴 때는 언제 피해를 볼지 모르므로 체험현장으로 떠나기 전에, 그리고 현장에서 체험활동 중에도 늘 일기예보에 귀를 기울여 일어날 수 있는 기상악화에 미리미리 대비하도록 하자.

체험현장으로 떠날 때는 늘 안전교육을 강조함이 좋다. 안전만큼은 잔소리로 들리는 한이 있더라도 사고가 나는 것보다는 훨씬 나은 탓이다. 차량에서 안전띠 매기, 차량을 타고내릴 때 천천히 오르내리기, 위험한 곳으로 가지 말기, 심한 장난을 하지 말기 등을 아이에게 부탁하고, 협조를 구하자. 안전한 체험학습은 교사와 아이 모두가 안전에 대하여 경각심을 가질 때 가능하다. 안전에 대한 강조와 주의는 귀 따갑도록 해도 전혀 문제가 되지 않는다.

둘째, 아이가 편안함을 느끼도록 대해야 한다.

아이를 보는 낯빛은 언제나 편하고 부드러워야 한다. 바깥나들이를 떠나는 아이는 늘 만나는 담임교사건, 본 적 없는 외부의 전문교사건, 또 다른 부담과 두려움이 될 수 있다. 그러므로 아침에 아이를 처음 만났을 때 편하고 부드러운 느낌을 주도록 노력하자.

그 첫걸음은 아이와 만날 때 눈으로, 입으로, 미소로 인사 나누기다. 짬이 나면 간단히 자기를 소개해도 괜찮다. 담임교사라면 '오늘은 새로운 선생님 모습을 만나게 될 거야!'라고 해도 되고, 낯선 교사라면 '오늘 선생님이랑 같이 신나고 즐겁게 놀아보자!'고 해도 좋다.

또한, 아이와 눈 마주치기를 자주 하자. 아이와는 눈빛만으로도 충분히 통하기 때문이다. 눈 마주침을 잘하면서 아이의 이야기에 귀를 기울이면 아이와의 관계는 성공한 것이다. 듣기와 눈 맞춤만 잘해도 아이의 스트레스와 욕구불만, 짜증과 불만, 요구의 상당 부분은 저절로 해결된다!

그리고 애써 아이의 이름을 자주 불러주자. 아이는 자기에게 관심이 있다는 것을 알게 되면 곧 친해진다. 이름을 부르고, 눈웃음을 나누는 것만으로도 아이는 편안함을 느낀다. 그러므로 체험현장에서 아이에게 손으로, 눈으로 끊임없이 따뜻한 인사를 나누고 아이의 이야기를 찬찬히 잘 들어주어야 한다.

셋째, 솔선수범해야 한다.

체험학습도 삶의 연장이다. 교사는 체험현장의 질서유지에 스스로 충실하고, 체험생활에 모범을 보이는 게 중요하다. 교사의 말과 행동은 아이에게 삶의 가르침이요, 본보기다.

아름답고 고운 말, 남을 배려하고 아이를 존중하는 말투, 밥을 먹거나 음식을 먹을 때 지키는 예절과 예의, 앞장서 지키는 공공질서 등 솔선수범할 때 현장의 분위기도 밝고 명랑해진다. 그런 모습은 아이로 하여금 호감을 느끼게 하며, 이는 교사와 아이 사이의 담을 그만큼 빨리 허무는 지렛대 역할을 한다. 교사가 내뱉는 한마디 말, 무심코 한 행동은 경우에 따라 아이에게 지대한 영향을 미치므로 조심하는 게 현명하다.

풀 한 포기, 벌레 한 마리, 돌멩이 하나를 대하더라도 자연을 존중하는 태도와 자세를 보이고, 사회와 삶에 대해서도 미래의 밝은 희망과 꿈을 이야기하자. 자연과 세계에 대한 객관사고를 키우도록 이끌고, 저마다 처한 여러 가지 입장을 소개하다 보면 다양성을 바탕으로 한 상호존중과 이해는 자연스레 길러진다.

힘들고 어려운 일은 동료 교사에게 떠넘기지 말고 자기가 앞장서서 열심히 일하는 모습을 보이자. 그런 모습은 아이와 교사 모두에게 득이다. 간혹, 준비한 대로 되지 않아 교사끼리 짜증을 내거나, 손발이 맞

지 않을 때도 있다. 그럴 때일수록 서로에게 불평과 불만을 표시하기보
단 협력과 격려, 보이지 않는 조화에 힘을 쏟도록 하자. 체험현장의 날
씨가 무덥거나, 비가 오거나, 몹시 춥거나, 현지교통이 막히거나, 체험
활동이 예정된 것과 다르거나, 체험일정에 차질을 빚거나 할 때도 서로
머리를 맞대어 대처방안을 모색하면 어떤 난관도 쉽게 극복할 수 있다.
아이는 그런 과정을 보면서 아이 또한 협동과 협력, 참여와 봉사의식을
익히게 된다.

무엇보다 주의할 점은 아이를 대할 때의 자세다. 특히, 아이를 칭찬
할 때와 꾸짖을 때는 왜 그런지 구체적으로 밝히도록 하자. 언제, 왜, 무
엇 때문에 아이를 칭찬하는지, 또는 꾸짖는지 확실히 하는 게 좋다. 또,
아이를 나무라거나 혼낼 때는 다른 아이가 보지 않는 곳으로 따로 불러
훈계하고, 따끔하게 혼낼 때는 단단히 혼내는 것도 필요하다.

요즘 애들은 가정과 학교, 사회의 일부 그릇된 풍토에 젖어 어지간
히 모범을 보여도 쉽게 따라 하지 않는다. 사회와 세태가 이럴 때일수
록 누구보다 솔선수범을 보여야 할 사람이 바로 교사다. 솔선수범에다
공정함, 공평함, 엄정함의 세 박자까지 갖추면 아이도 교사를 존경하며
따라올 터다.

넷째, 아이 스스로 체험현장을 둘러보도록 이끌어야 한다.

체험활동의 목적과 꼭 봐야 할 것, 생각할 것을 미리 잘 정리해서 아
이와 충분히 공감하도록 노력하자. 체험활동의 내용을 교사가 얼마만
큼 충실히 진행하느냐에 따라 체험현장에서의 '스스로 학습'은 더욱 위
력을 발휘한다. 스스로 학습이 이루어지려면 현장에서 스스로 다니도
록 하는 게 좋다. 그러나 무턱대고 스스로 하라고 하면 평소 습관이 돼

있지 않은 아이는 무척 험한 체험이 될 것이므로 미리 필요한 몇 가지를 교육하도록 하자.

먼저 자기가 가져온 물건을 스스로 챙기는 연습을 되풀이시킨다. 중고등학생이 되어도 제 물건을 제대로 챙기지 못하는 일이 흔한 게 요즘 세태다. 집에서는 엄마가, 학교에서는 교사가 모든 걸 다 챙겨주니 애들이 스스로 뭘 하나 제대로 챙기는 게 없다. 물론, 다 그렇다는 말은 아니지만, 그 정도로 심하다는 말이다. 스스로 학습이 제대로 되려면 제 것을 저 스스로 챙기는 습관부터 길러야 한다.

비슷한 맥락에서 아이 스스로 자기 물건과 짐을 반듯하게 정리·정돈하는 교육을 하자. 해수욕이나 물놀이가 끝난 뒤 젖은 옷을 처리하는 아이의 표정을 보면 그런 교육의 필요성이 여실히 드러난다. 자기 짐을 제대로 정리, 정돈한다는 것은 스스로 현장을 즐기는 체험학습을 할 준비가 끝났음을 뜻한다.

또, 공동물품과 공동비품을 소중히 이용하는 법을 일러주자. 초등학교 입학생 수준의 교육을 되풀이하는 오늘날의 처지가 안타깝긴 하지만 그것이 현실인데 뭘 어쩌겠는가? 공동으로 쓰는 물건 또한 내 물건과 마찬가지로 소중히 다루어야 함을 교육해야 아이들이 현장에서 즐거울 수 있고, 다음 체험자에게도 피해를 주지 않는다.

다섯째, 체험일정과 교사의 역할에 대해 적극 말해야한다.

체험학습의 목적과 내용, 준비물과 일정, 이야깃거리와 생각거리를 애들에게도 미리 알려주자. 아이가 전체일정을 알면 체험학습의 입체화에 도움이 된다. 체험학습의 입체화는 교재와 교구만 입체화시킨다고 해결되는 게 아니다. 아이 또한 체험의 개념을 분명히 알고 현장에

임할 때 입체화된 체험학습으로 한 걸음 더 다가갈 수 있다.

교사가 현장에서 하는 일이나 역할도 알려주자. 이번 체험학습에서 교사는 어떤 준비를 해 왔고, 어떤 일을 하는지, 그 일을 교사끼리 또는 아이들과 어떻게 나누려 하는지를 알려주면 아이들도 쉽게 수긍하고 협조한다. 그러나 현장에 가보면 아이들 다수가 일정은 모른 채 활동이 진행되는 걸 종종 마주하게 된다. 이제 끌려다니는 체험활동, 수동적인 체험활동은 종지부를 찍어야 하지 않을까?

여섯째, 먼저 고민하고 앞서 생각해야 한다.

체험현장의 사실이나 사건, 역사나 상황을 접하면 왜 그런가, 정말 그런가에 대한 고민을 수없이 되풀이하는 버릇을 들이도록 하자. 왜냐하면, 체험현장에서는 작은 그 무엇이라도 경우에 따라서는 깊은 감동을 이끌어 낼 수 있기 때문이다. 특히, 아이와 더불어 깊은 고민에 빠지고 싶다면 더더욱 체험현장에 대하여 충분히 준비하고, 검토하고, 공부하고, 연구할 시간이 필요하다!

사실 이렇게 모든 의무와 역할을 다 하는 교사가 이상적이긴 하지만 현실은 그럴 수 없는 처지와 환경이 대부분이다. 그러므로 앞에서 짚은 걸 다 하지 못했다고 해서 자책할 필요는 전혀 없다. 한국 교육의 현실에서 교사의 어려움은 굳이 언급할 필요가 없기 때문이다. 그러나 아무리 힘한 어려움이 놓여있다 하더라도 교육자로서 아이를 위한 기본 마음가짐이 바뀔 수는 없다. 그러므로 체험현장으로 떠난 교사끼리 서로 힘을 합쳐 앞서 지적한 원칙을 지키려고 애쓴다면 체험학습의 질과 양 모두 확실히 발전할 것이다.

앞서 교사의 특별한 의무만 강조했지, 특별한 권리에 대해선 한마디도 언급하지 않았다. 그러나 그런 대목에 대하여서조차 아쉬워할 필요가 없다. 우공이산의 심정으로 본래의 의무를 묵묵히 다할 때 교사의 특별한 권리도, 스승의 고귀한 명예도 회복될 수 있으니까.

| 3장 | 현장체험학습을 떠나며

드디어 모든 준비가 다 끝났다. 체험학습을 떠나기 전날 밤까지 교사는 준비물 점검과 자료 확인으로 눈코 뜰 새 없이 바쁠 것이다. 게다가 바깥교육이니만큼 안전이나 아이들 관리로 무척 신경 쓰일 것이다. 그러나 충분히 준비했다면 진작부터 겁먹거나 긴장할 필요는 없다. 준비가 끝났으면 남은 일은 푹 자는 것뿐이다.

1. 모이는 곳에서

모이는 곳에서의 첫 만남은 체험학습의 기분을 좌우하므로 퍽 중요하다. 그러므로 일찌감치 자리를 박차고 일어나 하루를 준비하자. 거울

을 보며 옷매무새와 머리 정돈, 얼굴을 살펴본 다음 아이와 학부모를 만나러 가면 하루를 열기가 한결 수월하다. 거울을 보며 몇 차례 활짝 웃은 다음 '좋아요!'를 한 번 외치면 더더욱 마음이 편할 터다.

1) 준비물 확인

아침에 만남의 장소로 먼저 이동해 미리 준비하는 게 편하다. 버스 차량은 출발 40분 전쯤에 만남의 장소로 오도록 해야 준비물을 싣고, 필요한 몇 가지를 정리해서 아이를 맞이하는데 어려움을 덜 수 있다. 버스가 아닌 다른 교통편을 이용하더라도 기본 요령은 마찬가지다. 다시 확인할 공동준비물은 다음과 같다.

첫째, 구급 약품.
현장으로 떠날 때 가장 마음에 두고 신경 써야 할 대목은 안전이다. 사전답사를 통해 충분한 대비를 했더라도 언제, 어디서, 어떻게 안전사고가 발생할지는 아무도 모른다. 그러므로 체험학습이 더욱 즐겁고 신나기 위해서는 반드시 안전사고에 대비한 응급대책을 세우고, 구급 약품을 챙기는 게 좋다.
응급대책으로는 근처 병원과 후송방법부터 확인하자. 필요한 구급 약품을 잘 챙기고, 그밖에 필요한 상황에 따라 구급 약품을 따로 더 보충하면 된다.

둘째, 이름표와 출석부.
출석부를 보면서 체험현장으로 떠나기로 한 애들이 제대로 왔는지 확인한다. 출석부에는 아이와 학부모의 이름, 연락처를 함께 기록해둔다.

출석을 확인하면서 아이 목에다 이름표를 걸어주자. 가슴에 다는 이름표는 작아서 식별이 잘 안 될 뿐만 아니라 쉽게 떨어져 분실이 쉬우므로 피하도록 하고, 목에 거는 이름표라도 작거나 이음새 부분이 약한 것은 쉽게 파손되므로 역시 피함이 좋다. 이름표에는 아이 이름과 더불어 담당 교사와 학교의 연락처를 함께 기록해 두면 혹시 길을 잃더라도 쉽게 찾을 수 있다.

셋째, 차량부착물과 좌석배치표.

차량 앞면에 달 부착물이 필요한데, 될 수 있으면 예쁘면서도 눈에 잘 띄게 만든다.

경우에 따라 좌석배치표를 문 유리에 달기도 하는데, 차량에 좌석 번호가 없다면 따로 좌석마다 번호표를 만들어 붙여야 한다. 애들의 자리를 배정할 때 미리 짜 둔 좌석배치표에 따라 좌석을 정하면 마음에 드는 아이끼리 앉겠다며 벌어지는 좌석 소란이 줄어든다.

학부모에게 있어 자기 아이의 좌석은 무척 중요하므로 멀미가 심한 아이나 어린아이는 다른 학부모의 양해를 얻어 될 수 있으면 차량 앞쪽으로 자리를 정해주자.

넷째, 교재와 필기도구.

미리 준비해 둔 교재와 필기도구를 학생 수보다 좀 더 넉넉하게 챙긴다. 단, 물건을 아껴 쓰지 않고 허투루 쓰는 아이가 있으므로 새로 주는 것보다 스스로 물건을 아껴서 챙기는 버릇을 들이도록 하는 게 먼저란 점을 명심하자.

다섯째, 간식과 물.

자라나는 아이들은 뒤돌아서면 배고프다는 타령을 한다. 그러므로 몸에 이로운 먹을거리를 준비해 두면 좋다. 단, 여름철이나 전염의 걱정이 있을 때는 스스로 준비하도록 하되, 몸에 해로운 과자나 탄산·이온 음료는 가져오지 못하도록 하자. 자라는 아이에게 나쁜 음식을 먹게 하는 것은 어른이 담배를 피우는 것 못지않게 건강에 좋지 않은 일임을 명심해야 한다.

여섯째, 기타.

차량 옆쪽에 현수막을 달고 체험행사를 진행할 수도 있는데, 특별한 행사가 아니라면 굳이 달 필요가 없다. 때때로 현수막이 떨어져 날리면서 교통사고를 일으키는 요인이 될 수도 있고, 뭔가 남에게 보이려는 행사를 진행한다는 느낌도 지울 수 없기 때문이다. 물론, 꼭 널리 알려야 할 행사라면 현수막을 부착할 수도 있다. 그럴 때는 현수막이 날리거나 떨어져 나가지 않도록 단단히 동여맨 상태에서 차량에 부착하자.

확성기가 필요하면 챙겨야 하고, 학교 깃발이나 그늘천막, 기기 일부를 옮겨야 한다면 마땅히 준비물 목록에 올려야 한다. 그 밖의 준비물은 필요에 따라 준비한다.

2) 인사 나누기

현장으로 떠나기 전에 교사와 아이, 교사와 학부모, 학부모와 학부모, 아이와 아이끼리 서로 인사를 주고받는 것은 매우 중요하다. 첫 만남, 첫 인사를 활짝 웃으며 주고받으면 서로에 대한 믿음과 정을 그만큼 더 나눌 수 있기 때문이다. 인사를 할 때는 서로 눈을 맞추며 고개를 가볍게 숙이는 목례를 해서 예의를 갖추자. 아이에게도 교사와 학부모, 친구들과 서로 인사를 나누게 함으로써 현장으로 떠나는 첫 만남이 홀가분하도록 이끄는 게 필요하다.

인성교육은 서로에 대한 믿음과 나눔, 보살핌과 배려를 그 뿌리로 삼는다. 요즘은 어른조차 다른 사람을 만나면서 인사를 가벼이 하거나 소홀히 할 때가 많다. 그걸 본 아이가 어떻게 행동할 것인가는 물어보나 마나이다. 그러므로 어른부터 먼저 웃으며 인사를 주고받는 모습을 보임으로써 아이 또한 다른 사람에 대한 예의와 질서를 익히게 된다. 교사끼리도 인사를 나누는데 인색하면 안 될 것이고, 학부모나 아이를 만나도 먼저 웃으며 인사를 건네도록 하자.

아이와 눈인사를 주고받을 때 아이의 표정을 읽고, 아이의 상태가 어떤지를 살피는 것은 반드시 할 일이다. 어떤 아이는 낯빛이 어두울 수 있고, 어떤 애는 잠이 모자라 졸릴 수도 있다. 어떤 아이는 표정이 환할 것이고, 어떤 아이는 잔뜩 화가 나 있거나 못마땅한 표정을 지을 수도 있다. 어떤 아이는 보자마자 활짝 웃는 애도 있고, 어떤 아이는 말없이 싱글벙글할 수도 있다. 표정이 힘들고 어두운 아이는 적절한 대응을 해 아이가 밝은 낯빛을 되찾을 수 있도록 도와주는 것은 어떨까? 아무튼, 아이가 어떤 모습을 보이건 인사를 통해 아이의 상태를 점검하면서 체험학습을 대비하자.

처음 만나서 나누는 인사는 서로에 대한 예의를 지키는 것도 있지만, 상대방을 확인함으로써 믿음 쌓기를 하는 기초도 된다. 무엇보다 아이

의 상태를 살핌으로써 그날 체험이 즐겁게 이루어지도록 하는데 도움
이 되므로 웃으며 맞이하는 지혜를 발휘하자.

3) 인원확인

인원확인은 혹시라도 모를 지각을 막고, 사정이 생겨 늦게 떠나는 걸
막기 위해 필요하다. 역할분담에 따라 인원확인을 맡은 교사는 정해진
시간까지 오지 않은 아이의 보호자에게 전화를 걸어 확인한다. 정시출
발을 지키는 것은 꽤 중요하다. 늦게 온 아이 탓에 먼저 온 아이가 시
간을 허비해서도 안 되며, 더군다나 약속을 지키지 않아도 된다는 인식
이 심어지면 곤란하기 때문이다. 따라서 현장으로 떠나기 전날에는 학
부모에게 문자를 전달해서 정시약속을 꼭 지켜달라고 신신당부를 하는
것이 좋다.

인원확인을 책임진 교사는 인원이 다 왔음을 행사진행 교사에게 알
려 학부모와 아이가 작별인사를 나눌 수 있도록 배려하자. 차창을 마
주하면서 서로 보이지 않을 때까지 손을 흔드는 것은 체험현장으로 떠
나는 아이의 마음을 편안하게 해준다.

혹시라도 체험현장으로 떠나는 날 급한 사정이 생겨 지각할 수밖에
없으면 학부모와 통화해 얼마쯤 늦는지 확인하고, 만약 출발시각보다
많이 늦는다면 어쩔 수 없이 출발할 수밖에 없음을 통보하자. 출발부터
늦으면 그날 내내 일정에 쫓겨 체험을 망칠 수도 있다. 참고로 학부모에
게 보내는 가정통신문에는 출발시각 10분 전까지 모이는 장소에 도착

할 수 있도록 협조를 요청하자.

4) 좌석배치

차량의 좌석배치는 미리 확보된 명단을 보면서 적절히 잘 잡아주어
야 한다. 멀미가 심한 아이, 낮은 학년 아이, 약한 아이는 될수록 버스
앞바퀴 쪽으로 배정하자. 그 좌석 앞뒤가 멀미가 가장 덜하고, 버스 안
에서 가장 편안한 좌석이라 흔히 알려져 있다. 뒷좌석은 높은 학년, 튼
튼한 아이를 앉히면서 양해를 구한다. 어쨌거나 체험현장으로 가는 날
좌석문제로 혼선을 빚지 않으려면 미리 자리를 배정하는 것이 좋다. 자
리에 앉으면 아이들에게 안전띠를 매도록 하고, 자리를 돌면서 한 명씩
확인한다.

실제로 지정좌석제를 시행하지 않으면, 아이끼리 불필요한 신경전을
벌이거나 심하면 학부모와 자리 때문에 가벼운 실랑이가 벌어지기도 한
다. 그러므로 자리배정원칙에 대해서도 가정통신문을 통해 미리 알려주
고, 그때 멀미가 심하거나 몸 상태가 좋지 않은 아이는 사전에 통보해
달라고 부탁하면 자리배정에 만전을 기할 수 있다.

5) 출발 후 아이 상태 확인

차량이 출발하면 교사는 자리에서 일어나 맨 앞자리에서부터 뒷자리
까지 다니며 아이 한 명, 한 명과 눈을 맞추고 다시 인사를 나눈다. 체
험학습을 떠날 때 아이의 건강이나 분위기가 당일 전체 분위기에 영향

을 미칠 수 있으므로 아이의 개별상태를 빨리 파악하기 위함이다. 날마다 교실에서 보는 아이라도 체험현장으로 나갈 땐 다를 수 있으므로 아이의 평소 성격과 표정, 활발함과 적극성의 정도, 하는 말과 행동, 친구와의 관계를 비교하면서 살펴보자. 이렇게 확인을 거치면 그날 마음을 써야 할 아이, 체험활동에서 도움을 줘야겠다 싶은 아이가 드러나기 마련이다.

아이랑 인사를 다시 나눌 때 말도 걸어보자. '밥은 든든히 잘 먹었어?', '일찍 나온다고 힘들었지?', '졸리지 않아?'처럼 가벼운 이야기를 주고받으며 아이랑 눈도 맞추고, 이름도 일일이 불러주면 아이와의 사이가 성큼 가까워진다.

아이의 상태가 어떤지도 다시 한 번 살펴 몸이 불편한 아이는 충분히 쉴 수 있도록 배려하고, 혹시 체험학습을 처음 떠나는 아이라 불안해하면 편히 갈 수 있도록 손도 맞잡고 머리도 쓰다듬자. 이렇게 함으로써 버스가 떠남과 동시에 아이와 한몸이 되기 위한 노력을 마친 셈이다.

2. 오가는 길에서

1) 가는 차 안에서

체험학습은 떠나는 대중교통, 버스 차량에서부터 시작된다. 어떤 일들을 해야 할까?

첫째, 버스가 출발하면 안전띠를 매는 것부터 시작하자.

안전띠를 맨 상태에서 애들이 떠들거나 장난쳐도 내버려두도록 운전 기사에게 특별히 협력을 요청한다. 분위기를 밝게 만들려면 첫 출발이 중요하다. 어떤 아이는 차량에 가만히만 있어도 온몸이 쑤신다. 어떤 아이는 지루해하고, 어떤 아이는 차만 타도 쉬이 지친다. 이럴 때 누군가 멀미까지 하면 분위기는 시작부터 꼬인다. 그래서 안전을 위해 애들의 몸은 묶되, 즐거움을 위해 애들의 입은 풀자는 거다. 물론, 피곤하거나 자고 싶은 아이는 재우면 된다.

둘째, 체험일정을 공유하자.

출발한 뒤에는 체험일정을 알려준다. 아이 또한 체험학습의 흐름을 알아야 일정이 부드럽게 진행된다. 전체일정과 세부일정을 공유하고, 두 일정의 관련성을 짚어주자. 보기로 주제가 생업체험이고, 시골로 간다면 그 일정을 소개하고, 그런 목적달성을 위해 구체적인 세부일정으로 감자를 캐고, 물놀이하고, 농업농사박물관을 가는 일정을 마련했다고 알린다. 이어서 감자를 캘 때 걸리는 시간이나 요령, 물놀이 시간이나 장소, 박물관 일정 등도 간단히 안내하고, 일정 내내 체험활동을 잘 끝낼 수 있도록 격려를 한다.

셋째, 삼갈 것과 지켜야 할 것을 알려주자.

일정안내가 끝나면 체험활동을 하면서 조심할 것, 지켜야 할 것을 알린다. 이때, 왜 그래야 하는지를 반드시 덧붙여 이해와 협조를 부탁하자. 명령이나 지시 형태로 주의와 금기를 일방적으로 공지하면 아이의 자발성을 기대하기 어렵다. 비록, 애들이 그런 방식에 익숙해져 있다 하더라도, 그런 방식에는 불만이 따른다. 따라서 왜 그런지에 대하여 충분히 설명을 곁들인 뒤 협조를 부탁하자. 또, 일정이나 체험활동에 대하여 질문과 답변 시간도 가지는데, 아이의 물음에는 간단하면서도 성실히 답한다.

넷째, 인사 후 편히 쉬도록 유도하자.

버스 안에서 어떤 프로그램을 진행할 거라면 휴게소를 지난 다음에 간단히 하자. 잠이 모자라는 아이도 있고, 처음이라 머쓱한 아이도 있다. 교사소개를 짧게 한 뒤, 아이끼리도 인사를 시키자. 옆자리와 앞자리, 뒷자리 친구와 인사가 끝나면 대화를 나누건, 잠을 자건, 푹 쉬건 휴게소에 도착할 때까지 편히 가도록 내버려두자.

다섯째, 프로그램은 가볍게 시도하자.

준비한 프로그램은 휴게소를 출발한 뒤에 실행한다. 잠을 잔 아이도 깨어났고, 서먹하던 아이도 휴게소를 거치며 서로 친해졌을 터다. 다음 일정에 대하여 알리고, 친구이름을 익히는 놀이부터 시작하자. 프로그램에 대한 호응도가 낮거나 산만하다 싶으면 체험주제에 관련된 노래나 율동을 가르쳐도 괜찮다. 노랫말과 그 노래에 얽힌 이야기까지 들려주면 애들 귀가 쫑긋해진다. 노래를 지도할 때는 사전에 준비한 음악을 들려주고, 한 소절씩 따라 부르도록 하면 금세 다 익힌다. 가능하면 흥겹고 신나는 노래를 선택하자.

여섯째, 창밖 풍경이 좋으면 소개하자.

분위기가 무르익으면 애들끼리 스스럼없이 신나게 놀게 돼 있다. 그때부터는 다시 떠들고 노는 자유시간이다. 창 밖 풍경도 보고, 체험활동 공부도 하면 좋겠으나 그건 어른의 부질없는 욕심일 뿐이다. 그 대신, 차창에 아름다운 풍경이나 신기한 광경이 나타나면 애들의 주의를 돌려 시선을 바깥으로 향하도록 하자. 눈비가 온다거나, 해가 진다거나, 들녘이나 강의 풍경이 아름답거나, 그곳 사람의 일상을 볼 수 있을 때가 그러하다.

일곱째, 아이 모두가 두루 잘 놀 수 있도록 신경 쓰자.

버스에서는 같은 또래끼리 자유롭게 떠들고 노는 게 중요하다. 자주 보는 아이이건, 처음 보는 아이이건 놀이를 통해 새로운 관계를 맺으며, 그 관계를 더더욱 다지기도 한다. 단, 이 과정에 친구랑 어울리지 않는 아이, 어울려 놀지 못하는 아이에 대한 배려도 필요하다. 그런 아이가 눈에 띄면 그 옆자리나 둘레에 자리를 잡고, 함께 놀도록 한다. 이처럼 특별한 경우가 아니면 아이끼리 놀도록 내버려 두는 것이 으뜸이다.

여덟째, 현장에 도착하면 준비물부터 챙기자.

도착할 때가 되면 주의와 금기를 다시 알려주고, 준비물을 챙기도록 한다. 안전띠는 주차장에 차량이 안전하게 멈출 때까지 착용하도록 지도하고, 차량을 오르내릴 때는 반드시 앞쪽에서부터 차례로 내리도록 하자. 차량 밖에도 안전요원을 배치해 아이에게 불미스런 일이 발생하지 않도록 주의하고, 인원점검이 끝나면 체험현장으로 이동한다.

2) 오는 차 안에서

체험활동을 마치고 돌아오는 길이다. 인원확인이나 기본 사항은 체험활동을 떠날 때와 마찬가지로 한다. 돌아오는 길에는 피곤을 느끼는 아이도 있고, 벗들과 어울리면서 한껏 들뜬 애도 있다. 체력이 약한 아이나 저학년은 차량에 탑승하자마자 곧잘 잠에 빠지므로 휴게소에 도착하기 전까지는 애들을 조용히 쉬거나 자게끔 하자.

휴게소에 들러 화장실을 다녀오고, 볼일을 마친 뒤에는 아이들의 대부분은 다시 살아난다. 그때부터 할 일이 있다.

첫째, 학부모에게 도착시각을 알린다.

운전기사에게 부탁해 대략 몇 시쯤 도착할 수 있는지 물어서 그 예상시각을 문자로 알려주자. 교통 혼잡이나 도로사정에 따라 예상과는 달리 오차가 생길 수도 있음을 미리 알려주면 기약 없이 기다리거나, 그것으로 생겨날 수 있는 불필요한 오해나 마찰을 막을 수 있다. 무엇보다 도착시각을 빡빡하게 잡으면 운전기사가 과속할 우려가 있으므로 주의한다.

둘째, 그날의 체험활동에 대하여 정리한다.

체험하러 다닌 곳을 떠올려 무엇을 했는지, 무엇을 느꼈는지, 어떤 생각이 들었는지를 간단히 정리하자. 정리는 체험활동을 한 순서를 따라도 괜찮고, 가장 중요하다고 판단되는 체험을 중심으로 해도 그만이다. 정리가 끝난 뒤에는 노래도 한 곡 부르고, 필요하다면 수수께끼를 내서 그날 체험학습과 관련된 내용을 재미있게 정리할 수도 있다.

셋째, 정리가 끝나면 애들끼리 자유롭고 편히 쉬도록 한다.

프로그램을 준비해 함께 할 수도 있지만, 아이끼리 잘 논다면 그대로 내버려두자. 그러나 자지도 않고, 지겨운 분위기라면 프로그램을 진행하는 것도 괜찮다. 이때는 개인과 전체가 함께 즐길 수 있는 공동체 놀이를 준비한다. 마무리하는 시간이므로 모둠별 노래대결이건, 수건돌리기를 하건, 다른 공동체 놀이를 하건 신나게 즐기도록 하자.

넷째, 휴게소에서는 아이의 상태를 일일이 확인한다.

한 아이도 빠짐없이 상태가 어떤지 휴게소에 도착하기 전 다시 살피자. 기분이 언짢거나 다친 아이, 우울한 아이가 있다면 당연히 돌봐줄 일이다. 아이끼리 갈등이 생겨 풀어야 할 문제가 있다면 아이끼리 풀도록 도와주고, 어른이 끼어야 할 상황이라면 얼른 문제를 해결하면 된다.

다섯째, 도착지점이 다가오면 스스로 짐 정리를 시킨다.

도착할 때가 되면 안전띠를 맨 상태에서 각자의 짐을 빠트림 없이 챙기게 하자. 차량이 멈추면 교사는 먼저 내려서 안전통로를 확보한다. 그리고 학부모들과 인사를 나누고, 앞좌석부터 차례로 내리는 아이가 행여 헛발을 딛지 않도록 손을 잡아주자. 아이가 떠나면 차량에 올라 빠진 짐은 없는지 살피고, 운전기사와도 인사를 나누면 모든 일정이 끝난다.

3) 휴게소에서

휴게소는 아이가 정말로 그리워하는 공간이다. 쇼핑을 즐기는 어른이 쇼핑센터를 찾은 것처럼 애들 눈에는 먹을거리와 편의점, 놀이터와 오락기, 사람들로 붐비는 휴게소는 신나는 공간이다. 반면, 교사는 긴장해야 할 공간이다. 들뜬 아이가 사라지거나, 버스를 찾지 못하거나, 헷갈리거나 할 수도 있다.

휴게소에 도착하기 전 할 일은 대충 다음과 같다.

첫째, 안전에 대한 경각심 일깨우기다.

자는 아이는 깨우고, 떠드는 아이는 조용히 시킨 뒤 휴게소에서 일어날 수 있는 교통사고나 안전에 대한 주의를 알린다. 버스는 승용차가 주차하는 곳보다 대개 뒷줄에 주차하므로 화장실이나 편의점으로 이동할 때 차량과 추돌할 위험이 있음을 간곡히 알리자. 특히, 어떤 아이는 버스에서 내릴 때, 내린 뒤에 앞과 뒤, 양옆을 제대로 보지도 않고 무작정 앞만 보며 달려간다. 그래서 교사는 아이보다 먼저 내려 보행통로를 확보한 다음 안전하게 이동하도록 유도한다.

둘째, 멀미에 대한 부탁이다.

아이의 멀미가 걱정되면 휴게소에서 간식을 먹지 말도록 부탁한다. 찬 음료수나 아이스크림을 먹은 뒤 멀미를 하는 아이가 종종 있다. 또, 식전에 간식을 먹으면 아무래도 밥맛이 떨어져 부모가 애써 준비한 도시락을 먹지 않을 수도 있다. 갈 때는 휴게소에서 간식을 삼가되 올 때는 허락하는 것도 한 방법이 될 수 있다. 대개 신나게 잘 논 뒤에는 멀미를 어지간해선 하지 않는다. 도시락을 준비했는데 현장에서 먹을 형편이 아니라면 현장에 도착하기 전 휴게소에서 먹도록 하자.

셋째, 끼니를 거른 아이에 대한 배려다.

늦잠이나 지각으로 식사를 못한 아이가 있으면 식사할 시간을 주자. 멀미를 평소 하는지 확인하고, 괜찮다면 휴게소에서 김밥이나 우동, 토스트 같은 가벼운 먹을거리로 끼니를 채우도록 이끈다. 이때, 시간을 넉넉하게 줘야 서두르다 체하는 아이, 배탈이 나는 아이가 생기지 않는다. 대개 저학년이나 여자아이는 시간이 충분해야 제대로 먹는다.

넷째, 차량을 찾아오는 방법을 알린다.

간혹, 휴게소가 붐빌 때 뒤에 오는 차량의 주차를 위해 차량이 이동할 수도 있으며, 그때 자기가 타고 온 차량을 찾지 못해 헤매는 아이도 있다. 그러니 차량 번호와 행선지는 아이 모두가 꼭 확인하도록 지도하자. 만일을 대비한다면 이름표를 반드시 목에 걸어야 긴급연락이 가능하다.

다섯째, 편한 마음으로 용변을 보도록 알린다.

드물긴 하나 저학년 중 일부는 낯선 화장실에 가기가 두려울 수도 있다. 그럴 때는 교사와 함께 화장실로 갈 아이를 따로 모아서 모든 아이가 안심하고 볼 일을 마치도록 하자. 화장실에 화장지가 비치돼 있지 않을 수도 있으므로 그런 부분도 미리 대비하도록 한다.

그럼 휴게소에 도착한 다음 해야 할 일은 무엇일까?

첫째, 안전대비다.

아이의 안전은 인솔교사가 지켜야 할 첫 번째 사명이다. 휴게소에서 벌어질 수 있는 갖가지 안전유형을 이해하고, 예방책을 찾도록 하자. 휴게소에는 교통안전만 있는 게 아니라, 음식위생, 시설안전 또한 존재한다. 음식을 사 먹고 탈이 날 수도 있고, 문을 여닫을 때 손이 낄 수도 있다. 놀이터에서 떨어질 수도 있다. 그러니 애들이 가는 곳에는 어른도 따라다녀야 안심이 된다. 행여 사고가 나면 관광안내소에 도움을 요청하자. 가벼운 상처라면 준비해 간 의약품이나 휴게소에 비치된 약품으로 처치할 수 있다. 상태가 심각하다면 응급처치를 하고, 신속히 병원으로 이동할 수 있도록 긴급히 도움을 요청해야 한다.

둘째, 아이의 생리현상 해결이다.

아이에 따라 화장실을 가는 주기가 다르다. 어떤 아이는 30분마다 갈 수도 있고, 어떤 아이는 오랫동안 가지 않을 수도 있다. 어떤 아이는 화장실에 가기를 꺼리고, 어떤 아이는 자기를 두고 떠날까 봐 불안해 참고 있다가 길이 막히면 울상을 짓는다. 따라서 휴게소에서는 시간 여유를 충분히 둬야 한다. 그래야 멀미를 하거나 두통을 호소하는 아이도 신선한 바깥바람을 쐬면서 기력을 회복할 수 있고, 마음 편히 용변을 볼 수도 있다.

셋째, 사라진 아이 찾기이다.

휴게소에서 아이를 잃어버리는 일이 실제로 일어난다. 휴게소를 떠나기 직전 인원확인을 해서 한 아이라도 없다면 당장 찾아 나서야 한다. 놀이터, 화장실, 편의점, 자판기, 식당 구석, 행사장 같은 곳에 있을 가능성이 높으므로 그런 곳을 다 찾도록 한다. 심지어 차량이 헷갈려 다른 버스를 타고 가는 애도 드물지만 있으므로 목걸이이름표는 반드시 필요하다.

넷째, 적절한 역할분담이다.

앞서 말한 것을 원활하게 하려면 미리 역할을 나누는 게 좋다. 휴게소를 몇 개 영역으로 나누어 담당하거나 업무의 성격에 맞추어 분담하는 것이다. 체험학습을 떠나면 휴게소에서도 차 한 잔 마실 여유가 없겠지만, 안전을 생각한다면 기꺼이 감내해야 할 몫이다.

4) 운전기사

운전기사는 체험학습에서 은근히 신경 쓰이는 존재다. 왜냐하면, 교사와 아이의 목숨을 건 교통안전 책임자이기 때문이다. 그러니 운전기사의 운행에 방해되는 언행은 삼가도록 하자. 그럼 운전기사와는 어떻게 지내면 좋은지 알아보자.

첫째, 서로 친하게 지내자.

운전기사와 친하게 지내려면 첫 만남이 중요하다. 밝은 얼굴로 인사를 나눈 뒤 수고해 달라는 말, 안전운행에 대한 당부의 말로 친밀함을 나누도록 하자. 웃는 얼굴로 만나면 첫 만남의 어색함이나 긴장도 금방 풀리게 되므로 그날 체험학습에 보탬이 되지만, 사이가 악화되면 종일

인상을 쓰며 난폭운전, 과속운전, 불법운전을 일삼는 앙갚음을 당할 수 있다.

둘째, 정보를 공유하면서 협력을 요청하자.

운전기사에게 체험학습의 일정에 대하여 정보를 나누면서 원활한 진행을 위해 협조를 당부한다. 오가면서 머물 휴게소, 식사계획, 주차, 차량이동, 응급병원에 관한 이야기를 차례대로 알리고, 필요하다면 의견을 주고받자. 또, 아이와 함께하는 체험학습이라 다소 시끄러울 수도 있음을 알리고, 미리 양해를 구한다. 그리고 운전기사가 그날 운행에 필요한 사항이나 건의사항이 있으면 의견을 모아 원만히 진행하자. 가장 중요한 것은 뭐니, 뭐니 해도 역시 안전운행이다. 안전운행에 대한 당부는 몇 차례고 충분히 되풀이하자.

셋째, 고마움을 표시하자.

현장으로 떠날 때와 돌아올 때 운전기사의 노고에 대하여 아이와 함께 고마움을 표하는 것도 안전운행을 위해 괜찮은 방법이다. 따뜻한 박수라도 쳐준다면 운전기사는 더더욱 하루종일 안전운행을 위하여 정성을 다할 것이다. 사람은 누구나 가는 대로, 받는 대로 답례를 하기 마련이다. 오는 인사가 정겨우면 가는 인사도 정겨운 법. 운전기사와 관계를 돈독히 하는 것은 오롯이 그날 현장으로 떠난 교사의 몫이다.

이번에는 대다수 운전기사가 싫어하는 것은 무엇인지 알아보자.

첫째, 차량이 더러워지는 것을 싫어한다.

왜? 차량 청소는 운전기사가 하기 때문이다. 심지어 어떤 운전기사는 차량에 비치된 휴지통에다 쓰레기를 넣는 것조차 싫어하는가 하면, 거꾸로 어떤 운전기사는 모든 쓰레기를 일일이 자기가 다 치우기도 한다. 어찌 되었건 차량을 깨끗하게 쓰는 것은 공중질서를 지키는 일이므로 우리가 발생시킨 쓰레기는 우리가 치우는 것이 마땅하지 않을까? 대안은 차량 곳곳에 쓰레기전용봉투를 마련하는 거다. 그래야 휴게소에서 산 음식, 현장에서 산 기념품, 집에서 가져온 간식 등에서 나오는 쓰레기를 치울 수 있으며, 차량 곳곳에 숨기거나 바닥에 그냥 버리는 아이의 버릇도 고칠 수 있다.

둘째, 시끄럽게 떠들거나 소란 피우는 걸 싫어한다.

아이가 떠들고 장난치면 차량이 꽤 소란스럽다. 그러므로 아이에게도 적당히 떠들도록 도움을 청하고, 운전기사에게도 아이를 자유롭게 두는 것에 대한 설명을 충분히 해서 양해를 구하자. 그럼에도 아이가 떠드는 바람에 운전에 집중할 수 없다고 푸념하는 운전기사도 있다. 하지만 그건 대부분 핑계다. 암만 아이가 시끄럽게 떠든다 해도 술 마시고, 춤추고, 노래하는 어른보다는 시끄럽진 않다. 관광버스에는 노래방시설까지 갖추어져 있는 게 일반적이다.

셋째, 여러 곳으로 이동하는 것을 싫어한다.

운전하는 처지에서야 여기저기 움직이는 걸 달가워하지 않는 게 당연하다. 체험학습은 대개 멀리 떠나기 때문에 운전기사 또한 충분히 쉬어야 교통안전을 담보할 수 있다. 그러니 한꺼번에 여러 곳을 가려고 무리한 계획을 세우면 부실한 체험학습도 문제지만 운전기사 또한 신체적으로 스트레스를 심하게 받게 되므로 고민할 대목이다. 한편, 어떤 운전기사는 대놓고 일정이 많다고 투덜거리기도 한다. 그럴 때는 해당 회사로 전화를 걸어 운전기사에 대한 주의를 시키거나 아니면 교체를 요구함이 마땅하다.

넷째, 자기를 머슴처럼 부리는 것을 싫어한다.

실제로 어떤 교사는 때때로 운전기사를 마치 머슴 부리듯 한다. 심한 경우 반말도 서슴지 않는다. 심지어 돈을 다 줬는데 왜 그러냐며 되레 짜증을 내기도 한다. 그러나 그런 자세는 교통안전을 책임지는 분에 대한 예의도 아니고, 그런 모습을 본 아이에게도 좋지 못한 영향을 미칠 수 있다. 따라서 운전기사를 무시하거나, 막말로 대하거나, 마구잡이로 부리는 짓은 삼가도록 하자. 가능하면 서로 협력관계가 되는 게 바람직하다.

다섯째, 시간이 오래 걸리는 일정을 싫어한다.

운전기사는 어떻게 해서라도 빨리 돌아가려 하고, 덜 움직이려 한다. 그래야 자기가 편하다. 그러나 그런 마음이 행여 체험학습의 진행에 부정적인 영향을 미치면 곤란하다. 그래서 체험의 목적에 대하여 분명히 알려주고 협조를 적극 부탁해야 한다. 어떤 운전기사는 차량 혼잡이 예상되므로 혹은 그럴듯한 이유를 들어 서둘러 돌아가기를 재촉한다. 판단은 현지의 조건과 상황을 봐서 결정하므로 운전기사의 꾐에 흔들리지 말고, 수시로 협조를 부탁하자.

여섯째, 부당한 대우를 받는 것을 싫어한다.

가끔 운전기사와 처우를 둘러싸고 실랑이가 벌어질 때가 있다. 그러므로 관광버스회사와 차량 임대계약[2]을 맺을 때 운전기사에 대한 처우에 관하여 명확히 하자. 팁을 포함할지 말지, 차량 통행료나 주차비를 포함할지 말지, 식사비를 넣을지 말지를 분명히 정해야 현장에서 시비가 생기지 않는다. 그리고 비록 계약에는 없더라도 운전하느라 애쓴 분에게 음료수 정도는 최소한의 예의다.

3. 안전과 응급상황대처

바깥나들이를 하면 안전사고의 위험에서 벗어날 수 없다. 가는 곳마다 안전사고가 일어날 우려가 있다. 체험학습을 할 때 가장 마음에 둘 것은 안전사고의 예방이다.

---

2) 구두계약이건, 서류계약이건 마찬가지다. 체험 당일 차량운행에 들어갈 경비에 대해선 구체적으로 명시해야 운전기사와 불필요한 마찰이나 갈등을 방지할 수 있다.

예방활동은 아이의 상태를 유심히 지켜보는 것에서부터 시작된다. 안전사고를 일으킬 가능성이 높은 아이는 체험학습을 떠나기 직전에 어느 정도 예상할 수 있다. 주의가 산만하거나 위험요소에 부주의한 아이라면 마땅히 따로 불러 안전에 대한 설명을 해주자. 잠이 모자라 정신을 차리지 못하는 아이, 무슨 까닭인지는 몰라도 낯빛이 어둡거나 기분이 좋지 않은 아이일수록 눈여겨 살펴보자. 졸음이 채 가시지 않은 상태에서는 주의력이 떨어져 둘레를 제대로 살피지 못하고, 기분이 언짢은 아이는 갑자기 격한 행동을 보이기도 한다. 지나치게 덤벙대거나 무지 설치는 아이도 주의대상임엔 틀림없다. 아무래도 그런 아이가 그렇지 않은 아이보다 안전사고의 가능성이 높기 때문이다. 그래서 처음 아이를 만날 때 아이의 건강과 기분 상태를 잘 살펴야 한다.

아무리 안전사고를 예방한다고 해도 미래에 무슨 일이, 어디서, 어떻게 일어날지 알 수 없다. 예방에 만전을 기하되 만약, 안전사고가 생긴다면 당황하지 말고 적절하게 대응하자. 체험현장에서 자주 발생하는 안전문제는 다음과 같다.

1) 차량안전

차량안전은 차량으로 이동하는 모든 체험학습에 일어날 수 있고, 크게 세 가지를 들 수 있다.

첫째, 차량접촉사고다.

이를 막기 위해선 안전운행이 필수다. 운전기사에게 수시로 안전운행을 당부하고, 빨리 가기를 재촉하는 일이 없도록 주의한다. 혹시, 도로 사정이 나쁘거나, 차량 혼잡으로 늦게 도착하겠다 싶으면 미리 학부모에게 알려 양해를 구하자.

둘째, 주정차할 때 생기는 사고다.

아이가 차량을 오르내리다 버스 계단에 걸려 넘어지는 경우와 다른 주정차차량을 미처 확인하지 못해 추돌하는 경우다. 주로 휴게소주차장, 박물관주차장, 행사장처럼 차량이 붐비는 곳에서 이따금 일어난다. 그런 곳에서는 교사가 먼저 내려 안전통로를 확보한 뒤 아이가 천천히 오갈 수 있도록 지도하자.

셋째, 차량 안에서 생기는 사고다.

차량의 흔들림 혹은 아이의 실수로 차량 내 특정한 곳에 부딪히거나 해서 일어난다. 차량 안에서는 아이와 어른 가릴 것 없이 모두가 꼭 안전띠 착용을 생활화하자. 안전띠 미착용으로 사고가 발생하면 운전기사와도 갈등관계가 조성되므로 특히 유의한다.

위에서 보듯 어느 경우건 차량안전사고의 위험에서 벗어나지 못하므로 늘 안전사고를 방지하는 것에 주력할 필요가 있고, 이는 아무리 강조해도 지나침이 없다.

2) 건물 혹은 시설안전

체험학습을 떠나면 심지어 건물이나 시설 같은 데서도 안전사고가 생길 수 있다.

첫째, 건물 내 시설 사고다.

에스컬레이터에 옷이나 신발 끈이 끼거나, 회전문에 손이 끼는 경우가 있다. 이런 사고를 막기 위해 거추장스러운 옷, 너덜거리는 옷은 피하도록 학부모에게 부탁하자. 또, 현장에서 아이의 신발 끈이 풀리지 않았는지도 자주 살펴보고, 건물이나 시설을 이용할 때는 재차 안전에 대한 주의를 시킨다.

둘째, 안전방호벽 미설치구역의 사고다.

공사현장 둘레를 지나치다가 나뒹구는 못에 발이 찔리거나, 현장시설에 부딪혀 부상을 당하거나, 안전방호벽의 미설치로 추락하거나, 노후시설의 붕괴로 다치기도 한다. 체험현장 내에 위험한 곳은 아예 접근을 금지하고, 모든 체험시설에 대하여 안전사항을 점검하고, 체험활동을 할 때는 아이가 안전하게 이용하도록 지도하자.

셋째, 체험현장의 각종 시설이나 체험 도구, 휴게소나 운동장의 놀이기구나 체육시설은 괜찮은지 자세히 살펴본다. 체험현장에서 톱질이나 칼질을 하다가 손이 베는 경우, 염색하다가 염료가 눈에 튀어 들어가 고생하는 수도 있으므로 체험 도구는 늘 신경 쓸 대목이다. 놀이기구나 체육시설의 노후 혹은 부실도 반드시 살피자.

3) 놀이안전

아이끼리 재미있게 놀다가도 다칠 수 있다.

첫째, 아이끼리 다투는 경우이다.

입씨름만 할 때는 서로의 가슴에 상처를 남기지만, 주먹다짐까지 할 때는 상황이 다르다. 밀치거나 당기다가 넘어지거나, 주먹질이나 발길질에 신체의 약한 부위를 가격당하면 크게 다칠 수 있다. 아이가 다투지 않도록 현장에서 잘 이끌어야 함은 두말할 나위가 없다.

둘째, 물놀이사고이다.

골짜기나 바닷가, 못이나 내처럼 하천에서 놀 때는 물놀이사고에 특히 유의하자. 여름철에 수영하다가 깊은 물에 빠질 때, 겨울철에 썰매를 타다가 얼음이 깨질 때 주로 발생한다. 물가로 갈 때는 계절을 가리지 말고 조심하고, 소독에 무심한 수영장이나 오염된 하천에서 놀면 피부병이 발생할 수도 있으니 피하도록 한다.

셋째, 체험활동 중에 일어나는 사고이다.

운동이나 레저체험을 하다가 다칠 수도 있다. 공놀이나 씨름, 스키나 눈썰매, 수영이나 산행, 놀이공원에서의 놀이기구탑승 모두 안전사고가 일어날 확률이 높다. 그런 놀이를 하기 전에는 늘 안전 여부를 확인하고, 사전에 충분히 몸을 풀도록 지도하자.

4) 질병예방

밖에서 활동하므로 면역력과 저항력이 약한 아이는 질병에 노출되기 쉽다.

첫째, 식중독 사고이다.

여름철에 상한 음식을 먹은 뒤 주로 나타나는 증세다. 집에서 가져온 음식이라도 여름철에는 상하지 않았는지 확인을 한 다음 먹도록 하고, 식당에서 음식을 먹는 경우라면 그 식당의 위생 상태와 청결 여부도 점검해야 한다. 최근에는 계절을 가리지 않고 나타나므로 신경을 쓰도록 하자.

둘째, 배탈 사고다.

주로 여름철에 아이스크림이나 찬 음료를 많이 먹었을 때 일어난다. 예방을 위해선 아무리 더운 여름이라도 찬 것만 골라 먹다 보면 탈이 날 수 있음을 알리고, 아이가 지나치게 찬 것만 찾지 않도록 지도하자. 드물긴 하나 물갈이를 하면서 배탈이 나는 일도 있다. 야외에서는 생수나 집에서 가져온 물을 마시도록 부탁하자.

셋째, 환경의 변화에 따른 질병이다.

면역력과 저항력이 약한 아이가 야외에서 민감히 반응할 때로 흔히, 급체나 고열로 나타난다. 대개 갑작스러운 환경의 변화에 적응하지 못하거나, 불안한 심리에 의해 일어나는 경우가 많으므로 아이를 차분히 안정시킨 다음 응급처치를 하거나, 가까운 병·의원에서 의사와 약사의 도움을 받도록 하자.

넷째, 멀미다.

멀미는 오래도록 차량 안에 있을 때나 굽은 길을 차량이 달리고 있을 때 종종 나타난다. 멀미를 하게 되면 아이는 토해야 하는 부담감과 부끄러움에 어려움이 더해지므로 아이를 충분히 안정시키는 게 중요하다. 즉, 멀미는 몸이 원하지 않아 생기는 자연스러운 현상임을 알려 수치스러움이 일어나지 않게끔 한 뒤, 배설물을 비닐봉지처럼 밀봉된 용기에 잘 담아 자연스레 치우는 버릇을 들이도록 교육하자.

5) 안전사고 처치

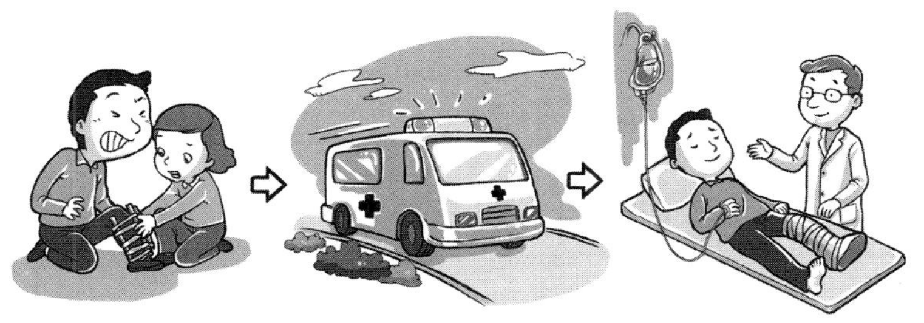

안전사고가 발생하면 무엇보다 응급조치를 서둘러야 한다. 위급하다고 판단되면 소방서나 병원, 경찰에 도움을 요청해 신속히 병원으로 후송함이 옳다. 안전사고가 일어났을 때 취할 수 있는 몇 가지 방법이다.

첫째, 응급처치다.

구급약 상자가 있으므로 증상이 중하면 응급요원이 도착하기 전까지 응급조치를 취한다. 피가 난다면 지혈제를 쓰고, 필요하다면 붕대를 감아주거나 한다. 물론, 이런 것은 평소 응급처치에 대한 상식을 익히고 있을 때 혹은 응급요원의 지시에 따라 움직일 때 가능하다.

둘째, 병원 후송이다.

상처가 깊고 중하면 응급차를 부르고, 응급요원이 올 때까지 지시에 따라 필요한 조치를 한다. 만약, 생명이 위태로운 상태라면 무조건 큰 병원의 응급실로 빨리 가는 것이 급선무다. 한편, 다친 아이의 부모에게 연락해 상황을 차분히 설명하고, 서로 상의를 한 다음 후속조치를 취하도록 하자.

셋째, 보상절차다.

병원으로 가면 치료와 치료비 청구절차가 남는다. 응급실에서 치료를 받으려면 보호자가 필요하므로 부모 대신 보호자 역할을 해야 한다. 치료가 끝난 뒤 치료비 보상절차가 남는데, 대개 보험처리를 하므로 영수증을 꼭 챙겨야 한다. 후유증이 남는다면 보험사와 보상절차 및 보상금액을 협의한다. 여행자보험에 가입했더라도 다른 보험이랑 중복 지급이 안 되므로 더 유리한 조건에 맞춰 보상을 협의한다.

아무튼, 안전사고가 발생했을 때 응급처치와 병원이송, 응급치료와 보상절차를 잘 밟는 것도 중요하지만, 그보다 더 중요한 것은 안전사고가 생기지 않도록 미연에 방지하는 것이다. 바깥에서 체험학습을 할 때는 심신이 피로하더라도 언제나 아이의 안전한 체험학습에 만전을 기하자. 안전은 사전예방이 으뜸이다!

4. 체험현장에서 지켜야 할 원칙

체험학습 준비를 충실히 했더라도 막상 체험현장에 도착하면 무엇을, 어디서부터 시작해야 할지 막막할 때가 많다. 그런 경우에는 몇 가지 원칙을 활용하자.

1) 서로의 관계를 보게 하라!

체험학습의 으뜸가는 핵심은 '관계의 배움'에 있다. 관계는 언제나 우리를 둘러싸고 있으며 그 관계를 잘 형성하는 것은 그만큼 우리의 삶이 윤택해짐을 뜻한다. 체험현장에서는 바로 그런 관계와 관계를 보는 눈을 기르도록 돕는 게 중요하다.

교사는 아이에게 세상을 열어서 보여주는 존재다. 그럼 아이에게 어떤 세상을 보여줄 것인가? 교사의 세상을 보여줄 것인가, 아니면 객관적 세상을 보여줄 것인가?

아이에게 교사의 생각과 느낌, 세계를 보여주는 것도 중요하나, 체험학습에서 더 소중한 것은 '열린 세계를 있는 그대로 아이가 보고, 듣고, 느끼고, 겪고, 생각하도록' 도와주는 것이다. 세계와 자신과의 관계를 올바로 깨치게 도와주는 역할을 할 때 아이는 비로소 자기 눈으로 세상을 보게 된다. 자기 눈으로 세상을 보는 눈을 기르면 다른 사람이 써 놓은, 혹은 규정한 세계관에 빠지지 않고 자기 눈, 자기 마음, 자기 느낌, 자기 생각으로 세상을 바라볼 수 있다.

아이가 스스로 세상을 보는 눈을 지니도록 하려면 필연적으로 '관계의 형성'에 대한 교사의 노력이 필요하다. 교사는 아이에게 부단히 아이와 교사, 아이와 아이, 아이와 자연, 아이와 역사, 아이와 사회, 아이와 문화처럼 수없이 많은 관계에 대하여 접근하고, 자극하고, 일깨울 필요가 있다.

이를 위해 역설적이긴 하나 체험학습에서는 적극적인 수업 활동에서 한발 물러서도록 하자. 이 말은 교안이나 교재를 만들지도 말고, 학습도 하지 말자는 것이 아니다. 아이가 중심이 되어 아이끼리 관계를 잘 맺어 체험대상을 만나고, 체험활동을 하도록 이끌자는 거다.

흔히, 우리나라는 입시교육의 현실상 교사 중심으로, 교사 주도로 수업이 진행되는 경우가 많다. 그런데 체험학습은 굳이 그럴 필요가 없다. 체험학습에서는 아이가 스스로 나서서 배우고, 그런 흐름에서 애들끼리 관계를 형성하고, 그런 과정에서 배우고 익히는 게 중요하기 때문이다. 교사가 앞장설 때 그런 흐름이 생략되거나, 현저히 그 과정이 약

사, 친구와 교사, 체험활동과의 온갖 관계를 맺을 수밖에 없으며, 그 속에는 언제나 갈등이 존재한다. 동시에 그런 관계와 갈등을 헤쳐나갈 시간적·공간적 요소가 존재하므로 아이들은 그런 갈등과 갈등해결 과정을 통해 공동체와 사회성, 인내심과 배려, 창의성과 다양성, 협동심과 상대방에 대한 존중을 저절로 배우고 익힌다. 단, 교사는 아이가 각종 갈등의 해결 과정에서 폭력적인 방법이나 부당한 행위를 쓰는 것을 막고, 민주적인 방법과 정당한 행위로 논의하도록 이끌어야 한다.

아무튼, 체험학습의 핵심은 '서로의 관계'에 있으며, 체험현장에서 교사는 '서로의 관계를 잘 맺도록 이끄는 길잡이'가 되자는 말이다.

2) 현상보다는 본질을 보게 하라!

책 읽기를 할 때 우리는 가끔 행간읽기를 시도한다. 행간읽기는 본질을 읽기 위해 잠시 읽기를 멈추고 사색하는 시간이다. 그런 사색을 통해서 비록 활자화는 되지 않았지만, 그 행간에 있는 의미를 깨달아가는 과정이 바로 행간읽기란 독서법이다. 체험학습도 그와 별로 다르지 않다. 문구 하나를 빌려 오자.

'대추가 저절로 붉어질 리는 없다. 저 안에 태풍 몇 개, 천둥 몇 개…, 벼락 몇 개….'

대추가 붉다는 현상만 볼 게 아니라 그 속에 숨은 뜻을 찾아낼 때, 체험에 얽힌 다양한 관계를 하나씩 찾아낼 때 아이도, 교사도 즐거운 법이다. 대추가 붉게 여무는 과정, 즉 사람이나 사물이 성숙하는 과정은 반드시 그 안에 어떤 고통과 어려움, 수난의 경험과 더불어 기쁘고 즐거운 경험도 모두 담게 된다. 그러므로 당장 눈에 보이는 아름다움에만 눈을 돌릴 게 아니라 그 아름다움이 있기까지 어떤 과정이 있었을까를 먼저 살피는 것이 필요하다.

체험학습의 핵심 가운데 또 다른 하나는 어떤 사람이나 사물, 상황과 사건에 대하여 드러난 현상뿐만 아니라 그 숨은 본질까지도 들여다보는 힘을 기르는 것에 있다. 그럼 본질을 보는 눈은 어떻게 기를 것인가?

거기에는 정답도 없으며, 왕도도 따로 없다. 교사도, 아이도 더 열심히 준비하고, 현장에서 더 성실하게 임하고, 여러 가지 이야기나 의견을 서로 부지런히 주고받으며, 부딪히는 그 모든 것에 의문을 가지며 새삼 다시 한 번 더 살펴보는 수밖에 없다! 그러다 보면 절로 세상을 다르게 그리고 다양하게 보는 법을 익히게 된다. 보기를 통해 본질을 찾아가는 과정에 대하여 좀 더 생각해보자.

서울 광화문에는 한글을 창제했다고 알려진 세종대왕 동상이 있다. 그런데 우리가 쓰는 한글은 어떻게 해서 만들어졌을까? 학자에 따라 한글을 만든 주체에 대한 논란도 많고, 한글을 만들게 된 동기도 분분하다. 심지어 한글이 만들어진 시기조차 다른 주장이 있을 정도다. 우리가 배우기로는 세종대왕께서 집현전 학자에게 명하여 창제한 걸로 아는데, 과연 진실은 어떤 것일까? 그 진실을 파악하려면 먼저 문제를 제기한 여러 주장에 대하여 들어봐야 한다. 그리고 각 주장이 제시하는 근거의 허와 실을 분석할 수밖에 없다. 만약, 각자의 주장이 일리가 있으면 더더욱 과학적 방법에 따라서, 고증학적 방법을 동원해서 살펴봐야 할 일이다. 그런 과정에 조사방법이나 기준을 바꾸기도 할 것이고, 보다 짜임새 있는 분석 틀을 마련하기도 할 것이다. 그렇게 노력하는 과정에 비로소 어떤 뚜렷한 결과 혹은 가능성을 찾을 수 있다. 이렇듯 나타난 현상에 대하여 그 본질이 무엇인지를 탐구해 가는 과정이 체험학습의 매력이다.

그런즉, 체험학습에서 중요한 것은 진실을 전달하는데 있는 게 아니라, 진실을 규명하려는데 있다. 즉, 본질에 한 걸음 더 나아가려는 진지한 노력과 과정, 방법에 있다! 그래서 체험학습이 좋은 거다. 정답은 없되, 누구나 관심을 두고 다가갈 수 있으니 이보다 더 좋은 교육법이 어디 있을까? 섣부른 판단에 따른 결정이 아니라 여러 입장을 존중한 결정이 더 나은 삶으로 우리 사회를 이끌 것임은 당연하다. 그러므로 본질을 향한 눈을 갖도록 도와주는 게 체험학습의 핵심 중 하나란 거다.

3) 보는 기준과 관점을 바꾸어라!

어느 계절이 가장 아름다울까? 누군가가 이렇게 물으면 우리는 저마다 자기가 선호하는 계절을 말할 것이다. 실제로 어떤 철이 가장 아름다울까?

내 경우는 봄을 가장 좋아했다. 봄은 만물을 소생케 하는 힘이 있으므로, 사계절 가운데 으뜸이라고 믿어 의심치 않았다. 그러나 세월이

지나면서 생각해 보니 그건 하나만 알고 둘은 모르는 말이었다. 언제부터인가 사철을 바라보는 생각이 바뀌었다. 요즘은 어느 계절이고 아름답지 않은 계절이 없다. 만물이 생동하는 봄은 봄대로, 만물이 성장하는 여름은 여름대로, 만물이 익어가는 가을은 가을대로, 만물이 숨죽이는 겨울은 겨울대로 그 멋스러움을 저마다 지니고 있으니 사철이 다 아름다울 수밖에.

이렇듯 개인의 생각이나 기호와 달리 자연은 언제나 있는 그대로의 아름다움을 시시각각, 사시사철 보여준다. 그런데 특정 계절만 좋아하고, 그 계절에만 집착한다면 당연히 다른 계절의 아름다움을 살필 수 없다. 이렇듯 보는 관점과 기준을 바꾸면 얻는 느낌이나 생각 또한 바뀌게 되므로 그만큼 우리의 삶이나 생각을 풍요롭게 가꿀 수 있다. 체험학습에서 아이가 챙겨야 할 또 다른 몫이라 할 수 있다.

어떤 체험활동을 진행할 때 한 가지 사상이나 생각, 한 가지 기술이나 방법에만 몰두하면 그 체험활동을 그릇되게 볼 가능성이 높아진다.

예를 들어 역사체험현장에서 종종 만나는 문화유산 가운데 머리가 훼손된 불상을 들 수 있다. 왜 불두가 훼손된 걸까? 불교를 사랑하는 사람이라면 유교나 기독교 같은 타 종교의 편견과 횡포에 따라 불상이 훼손되었다고 생각할 수 있다. 민족의식이 강한 사람이라면 우리를 침략했던 일본이나 중국, 서양열강에 의해 파손되었다고 할 가능성이 높다. 그러나 실제로는 어떠한가? 불상의 불두는 여러 가지 요인과 환경에 의해 파괴되었다고 보는 게 일반적이다. 때로는 홍수나 지진 같은 자

연재해로, 때로는 외침과 내란으로, 때로는 통치자나 지배층의 의도에
따라, 때로는 종교의 차이에 따른 고의적 훼손에 이르기까지 갖가지 원
인이 있는 것이다.

따라서 교사는 현장의 대상에 접근할 때 그 보는 관점과 기준, 방법
을 신중히 생각하고 판단해야 한다. 관점과 기준, 방법을 한 가지에만
두는 게 아니라 여러 가지로 접근할 때 객관성을 최대한 살릴 수 있다.
때로는 미처 예상치 못한 새로운 면모를 찾아낼 수도 있다.

앞서 보듯 봄의 싹틈과 여름의 자라남, 가을의 넉넉함과 겨울의 고
즈넉함은 어느 하나 순위를 정할 수 없이 모두 아름다운 것이다. 비록,
저마다 좋아하는 계절이 있다 한들 그 계절이 아닌 다른 계절의 아름
다움을 느끼는 사람도 있기 마련이다. 더욱이 한 걸음만 물러서면 어
느 철이고 아름답지 않은 철이 없다. 그런 까닭에 교사는 체험현장에서
만큼은 평소 자기가 좋아하는 계절을 아이에게 설명하기보다는 사철에
관한 이야기를 골고루 나눔이 좋다. 사철 모두가 아름답다는 것을 앎
으로써, 즉 사물을 보는 방법이나 기준, 관점에 변화를 줌으로써 새롭
게 사물을 인식하는 법을 아이와 더불어 공유하자는 것이다.

결국, 체험활동에서 사물을 보는 관점과 기준, 방법과 방식은 우리가
느끼고자 하는 감상대상, 체험대상에 대한 폭넓은 이해를 얻기 위해서
라도 더욱 넓고, 깊게 가져야 할 필요가 있다.

4) 숲과 나무를 모두 보게 하라!

아이가 제대로 현장을 이해하려면 전체 흐름부터, 큰 맥부터 아이가 짚을 수 있도록 도와줄 일이다. 체험학습을 간다면 그 체험학습의 개요와 특성, 그날 주요하게 볼 것에 대한 주제부터 정리하면 좋다. 전체 흐름을 확실히 이해하면 현장의 구체적인 볼거리, 할 거리, 겪을 거리에 대하여 연관을 지을 수 있고 그만큼 사물이나 현상을 파악하는 능력이 향상되기 때문이다. 전체 흐름을 알린 뒤에는 그 체험학습의 주제와 관련된 사물, 연관된 현상이나 사람을 자세히 살펴보도록 이끌어낸다. 왜냐하면, 숲을 보더라도 세세한 나무도 같이 눈여겨보지 않으면 체험학습의 현장 곳곳에 숨어있는 맛을 느끼기 어려운 탓이다.

보기를 들어 박물관으로 체험학습을 떠나보자.

먼저 순서를 정하자. 어떻게 하면 좋을까? 전체 박물관의 개요에서 세부주제로, 다시 개별 유물로 이어지는 거다. 그럼 시작은 무엇부터 해야 할까? 마땅히 전체 흐름부터 살핀다 했다. 그런 다음에는 무엇을 해야 할까? 세부주제로 하나씩 들어가는 거다.

자, 토기를 본다고 치자. 그럼 이번에는 토기에 대한 개요와 설명을 곁들여야 한다. 인류사에서 토기가 차지하는 의미와 역할, 우리나라 토기의 생성과 변화발전, 출토지역을 이야기하면 대략 토기에 대하여 눈을 뜨게 된다. 그런 다음 박물관에서 내보인 토기에 대하여, 더 구체화된 주제로 집중해 나가자. 그 토기를 그릴 수도 있고, 모습을 자세히 관찰할 수도 있고, 비슷한 토기를 찾을 수도 있다. 이처럼 개별 토기의 모양과 생김새, 색이며 재료, 용도와 특징, 이름과 다른 토기와의 비교를 통해 아이의 사고는 절로 넓어지고, 깊어진다. 빗살무늬토기를 본다면 자기가 지금 보고 있는 토기의 크기는 어떤지, 형태와 색은 어떤지, 빗살문양은 어떤 것이 어떻게 새겨져 있는지, 재질은 무엇인지, 용도와 특성 그리고 이름은 무엇인지, 비슷한 옆의 토기와 어떤 동질성과 차이가 있는지, 그런 걸 어떻게 판단할 수 있는지를 직접 보면서 생각하는 거다. 그러니 박물관에서 전시된 모든 토기를 다 보지는 못한다 하더라도 교사는 대표적인 토기 한둘 정도는 꼭 집어서 아이랑 자세히 보기를 할 필요가 있다. 그렇게 세부주제 한두 곳에만 집중하는 훈련을 되풀이하다 보면 문화유산을 보는 아이의 눈은 얼마 가지 않아 확 뜨일 거다.

이렇게 전체를 본 다음 세부주제를 보고, 다시 개별로 나아간다면 균형을 잃지 않으면서도 개개의 차이까지 읽을 수 있는 눈을 기를 수 있다.

5) 열린 마음으로 아이를 만나라!

체험학습이 힘든 건 여러 가지 요인이 있을 수 있으나 무엇보다 큰 환경요인은 교실에서 하는 수업과는 달리 교실 외의 공간에서 하는 수업이라 공간의 제약이 큰 것이다. 즉, 좁은 교실에서는 주의집중력이 뛰어나지만, 사방이 탁 트인 체험현장에서는 주의집중력이 아무래도 떨어질 수밖에 없으며, 이는 곧 교육 효과에 그만큼 어려움이 많다는 것을 뜻한다. 그러나 그것은 어디까지나 겉으로 드러난 일부 현상일 뿐, 실제로는 그와 달리 진행되는 일도 있다.

질문을 하나 던져보자. 밖에서 이루어지는 체험학습은 죄다 집중력이 떨어지고, 학습효과가 높지 않은가? 천만의 말씀이다! 오히려 교실이 아닌 곳에서 이루어지는 활동이라 더 집중력이 뛰어나고, 학습효과가 높을 수도 있다. 그런데도 왜 체험학습의 어려움에 대한 하소연이 많은가?

그건 체험학습에 필요한 몇 가지 과정을 간과한 탓이다. 충실한 사전준비, 흥미를 유발하기 위한 고민, 체험현장에 대한 학습과 연구, 적절한 교재와 교구의 활용, 현지의 인력이나 전문 인력의 도움, 적정수준의 학생 수와 도우미 활성화 같은 부문이 원활히 이루어진다면 대체로 그런 어려움에서 벗어날 수 있다. 그건 이미 준비과정에서 확인한 내용이다.

그런데 여기선 그런 부분들 말고 다른 부분을 짚어보려 한다. 체험학습이 어렵고 힘든 이유 가운데 하나는 바로 교사와 아이 간에 보이지 않는 장벽이다. 현장에서는 그걸 허무는 과정이 반드시 뒤따라야 한다.

아이에게 이 세상은 궁금한 것, 의문스러운 것, 모르는 것으로 꽉 찬, 온통 호기심과 신기함으로 둘러싸인 공간이다. 그런 애들이 교실이 아닌 바깥세상으로 나섰으니 그 설렘과 들뜸, 흥미로움과 두려움, 불안함과 불편함이 겹쳐 나타나는 건 지극히 당연하다. 비좁은 교실에 익숙한 아이에게 바깥공간이란 그 자체로도 얼마나 자유로운 곳인가! 어찌 보면 애들에게 있어 체험현장은 답답하고 갑갑한 현실에서 벗어나 그나마 숨통을 틀 수 있는 공간일 수도 있다. 그래서 체험현장으로 나서면 들뜬 마음에 이리저리 뛰어다니기 마련이고, 그러다 보면 길을 잃기도 한다.

반면, 교사는 하루종일 바짝 긴장한 상태로 있어야 하며, 사라지는 애들을 찾아다니다 보면 하루가 금세 지나간다. 그렇게 애들 꽁무니만 졸졸 따라다니면 당연히 바깥 교육이 잘될 리 만무하다. 그래서 자유롭고 열린 공간에서 속 편한 활동으로 스트레스를 풀면서 애들이 바깥 활동을 잘할 길을 모색해 보자는 거다. 열린 공간이므로 그만큼 교사 또한 열린 자세와 마음가짐으로 아이를 만나는 게 중요하다. 더 나은 교육조건과 환경을 갖춰나가는 일이 우선이어야 하겠지만, 현실에서 그 모든 조건을 단번에 충족시킬 수는 없으므로 당장에 실천해야 할 그 무엇부터 찾아야 한다.

찾아야 할 그 무엇은 무엇일까? 또, 그다음에는 어떻게 하면 될까?

그 무엇은 바로 아이에게 마음의 문을 활짝 여는 것이다. 아이를 믿고, 아이와 같은 마음으로 그 바깥의 자유로움과 신남, 즐겁고 들뜨는 마음을 더불어 즐기면 된다. 아이와 같이 자유로운 활동 속에서 스트레스를 풀고, 아이랑 같이 이야기를 나누며 체험현장을 누비다 보면 앞서 제기된 현장에서의 어려움은 대폭 해소된다. 아이와 함께 세상을 들여다본다는 마음으로 마음의 문을 여는 순간, 체험학습은 이미 성공한 거나 마찬가지이다.

6) 머리가 아닌 가슴으로 움직여라!

체험학습은 머리로 하는 게 아니라 가슴으로 하는 거다. 이걸 몰라서 체험활동을 재미없게 할 때가 많다. 체험현장에서는 아이에게 지식이나 정보를 전달해 주는 것도 소중하지만, 그보다 더 중요한 것은 아이가 제 가슴으로, 제 마음의 눈으로 현장의 체험대상을 바라볼 수 있도록 이끌어내는 거다. 그건 별다른 기술을 필요로 하지 않는다. 왜냐하면, 체험현장에는 아이 스스로 느낄 수 있는 것들로, 아이가 체험할 수 있는 것들로 가득하기 때문이다. 즉, 체험현장에서 아이가 보고, 듣고, 겪고, 하고, 느낀 것을 아이 스스로 더 잘하도록, 여러 가지로 생각하도록, 골고루 느끼도록, 다양하게 고민해 보도록 길만 열면 그만이다. 그러면 아이는 체험현장에서 필요한 것을 스스로 찾을 수 있다.

그럼 체험현장에서 아이에게 필요한 것은 무엇일까?

그건 머리가 아닌 가슴으로, 말이 아닌 실제로, 다른 사람이 아닌 저 스스로 현장에서 보고, 관찰하고, 익히고, 생각하는 걸 버릇처럼 몸에 배도록 하는 것이다.

예를 들어 경주 남산의 문화유산 설명을 한다고 치자. 혹은, 사로국의 건국 이야기를 한다고 치자. 그런 주제에 대하여 나눌 수 있는 이야기가 무엇일까? 즉, 경주 남산에 대한 인문지리 설명에서 중요한 것은 무엇일까? 교사가 남산에 대하여 열심히 공부하고, 고민할 필요가 있다. 하지만 그것보다도 더 소중한 것은 말로 백 번, 천 번 그런 내용을 강조하는 것보다 단 한 차례라도 아이를 직접 남산으로 데려가는 것이다. 왜 신라 사람은 그토록 불교에 매달렸을까? 경주 둘레에는 이런저런 산도 많은데 왜 하필 남산에만 유독 불교유산이 집중돼 있을까? 체험활동의 시작은 그런 의문을 교사부터 먼저 가지는 것에서부터 비롯된다. 문화유산은 아무리 머리로 익혀봤자 현장에서 보는 것보다 감동이나 느낌이 와 닿지 않는다. 남산 역사체험의 핵심은 첫째, 남산을 오르는 것이고, 둘째, 오르내리면서 남산의 자연환경을 살펴보는 것이고, 셋째, 그런 배경을 바탕으로 인문지리나 역사를 보태는 것이다. 그래야 남산을 뿌리 삼은 신라의 혼과 넋을 만날 수 있다.

이처럼 체험학습에서는 체험현장을 머리가 아닌 가슴으로 느끼려는 노력이 필요하며, 그런 노력은 필히 온몸의 신경을 곤두세운 체험활동 습관으로 이어지게 되어있다.

7) 오감으로 느끼도록 힘써라!

체험활동을 할 때 가슴으로 느끼도록 하려면 오감을 이용하는 게 필요하다. 오감을 동원할 때 비로소 문화유산이건, 생태유산이건 그 느낌이 훨씬 깊게 와 닿을 수 있기 때문이다. 그러므로 현장에서 눈과 귀, 코와 입, 손을 통해 자세히 보거나 듣기, 그 맛이나 냄새, 피부에 와 닿는 촉감을 느끼는 것은 기본 중의 기본이다.

보기를 들어 생태체험을 한다고 치자. 생태체험의 으뜸은 자연이 전하는 모든 것에 대하여 오감을 동원해 자연스레 받아들이는 것이다. 이를 위해선 마땅히 눈과 귀, 코와 입, 손과 피부를 활짝 열어야 한다. 그래야 자연의 소리에 귀를 기울일 수 있고, 자연의 냄새를 맡을 수 있다. 단지 보기만 하는 것은 자연의 한 부분만을 보는 것에 그칠 수 있으므로 될 수 있다면 몸의 온갖 부분을 동원해 자연을 느끼는 게 좋다.

오감을 활용한 방법은 비단 생태체험에만 국한되는 게 아니라 우리가 할 수 있는 거의 모든 체험활동에 써먹을 수 있다. 역사체험이나 과학체험은 물론이고, 갖가지 체험활동에 모두 이용할 수 있다. 교사 재량으로 얼마든지 요령껏 활용할 수 있다. 돌과 흙, 나무와 바위, 광물과 금속, 바람과 구름, 강과 바다, 계곡과 산, 문화와 풍습, 사람과 조직, 기술과 과학, 예술과 운동 등등 이 세상 그 모든 체험활동의 대상은 죄다 오감의 촉수에서 벗어날 수 없다.

이처럼 오감을 동원한 체험활동을 하다 보면 아이는 저절로 사람과 사물을 자세히 관찰하는 버릇이 생긴다. 무엇보다 사물에 대한 오감체험활동이 발달함으로써 사물에 대한 관찰능력, 그에 따른 분석능력, 그에 따른 연구능력이 향상됨을 쉽게 느낄 수 있다. 실제로 대다수 체험학습의 대상은 평소에는 관심이 없어 잘 알지 못했더라도 의외로 조금만 주의를 기울여 살펴보면 새롭고 신기한 것이 많다. 그래서 차츰 흥미를 느끼게 되고, 백과사전에나 있을 법한 지식을 쉽게 알아낼 때가 많은 것이다. 그러니 오감을 동원한 체험활동은 아이나 어른 모두에게 큰 도움이 된다.

8) 말보다는 몸으로 만나라!

체험학습을 효율적으로 진행하려면 아이가 체험활동을 온몸으로 느낄 수 있도록 함이 좋다. 즉, 체험활동은 앞서 살펴본 오감을 토대로 아이가 온몸으로 느껴야 제대로 그 맛을 알 수 있고, 그 느낌을 받을 수 있다는 말이다. 체험학습에서는 교육을 말로 하는 게 아니라 온몸으로 하는 것이다. 눈으로 보고, 귀로 듣고, 코로 맡고, 입으로 맛보고, 손으로 만지는 오감을 총동원함은 물론 온몸으로 받아들이고, 느끼는 거다. 그때 비로소 아이의 흥미도 살아나고, 재미도 나는 법이다.

음식을 요리할 때 맛이 없다면 아마 그 음식은 아무도 거들떠보지 않을 것이다. 체험학습도 마찬가지다. 체험활동이 재미없고, 맛이 없다면 그 누가 체험현장으로 가려 하겠는가? 무엇보다 아이와 함께 떠나는 체험학습은 더더욱 그렇다. 보다 재미나고, 보다 신나고, 보다 즐거운 체험활동이 되도록 이끌어야 하고, 그러려면 아이가 온몸으로 느끼도록 사전에 충분히 준비해야 한다.

모든 체험활동이 으레 그렇듯 온몸의 신경을 바짝 곤두세울 때 비로소 깨치는 것이 많은 법이다. 눈에 보이는 문화유산이건, 머리로 그려야 하는 역사현장이건, 관찰과 실험으로 임하는 과학현장이건, 예술과 공예로 만나는 문화현장이건 그 어떤 현장이라도 온몸을 동원할 때 아이가 신나게 체험할 수 있다. 온몸과 오감을 동원한 체험이 된다면 아이는 차츰차츰 현장체험에 재미를 붙이게 되고, 재미있는 만큼 그 내용 또한 풍요로워질 수밖에 없다. 따라서 교사는 현장에서 아이가 온몸으로 체험을 만끽할 수 있도록 마음을 써야 한다.

덧붙여, 말로써 체험상황을 다 설명하는 체험현장, 그림이나 사진 몇 장을 두고 시간을 때우는 체험현장, 형식적으로 체험활동을 하는 척하는 체험현장, 아이가 골고루 겪는 체험이 아니라 몇몇 아이만 대표로 체험하는 체험현장은 피하도록 하자. 교사가 찾아낼 체험현장은 우리 아이 모두가 골고루 체험활동을 온몸으로 할 수 있는, 살아있는 체험현장이다.

9) 체험활동의 교수법을 바꾸어라!

체험활동을 할 때는 몇 가지 어려움이 따른다 했다. 아무래도 교실 수업이 아니라 주의집중이 어렵다. 그렇다고 해서 체험현장에서 필요한 설명을 하지 않을 순 없다. 그러나 주입식으로 강의하면서 설명하는 방식은 지루하기만 할 뿐이다. 그러므로 체험현장에서 수업을 진행할 때는 따분한 강의식을 피하고, 차라리 그보다는 바깥 환경과 잘 어울리게 편히 이야기를 나누는 식으로 함이 낫다. 그렇지만 현실은 여전히 교사가 중심이 되어 체험현장을 이끌 때가 많으므로 몇 가지 방법을 같이 고민해보자.

첫째, 질의응답 강의를 적극 활용하자.
현장에서는 묻고 답하는 식으로 진행하는 게 주의를 집중시키는데도 좋고, 아이의 궁금증을 유발시키는데도 강의식보다 효과가 높다. 체험활동의 목적이나 대상, 과정을 갖고서 서로 질문과 대답을 이어가면 흥미도가 더 높아진다. 필요하다면 체험현장에서 간단한 토론이나 발표를 시켜도 괜찮고, 아이 스스로 조사를 하도록 해도 된다. 단, 그런 활동이 주된 내용이 아니라면 짧은 시간에 끝날 수 있도록 배려하자. 본래 목적은 어디까지나 체험을 하는 것이므로 토론이나 발표는 될 수 있으면 체험활동 이후로 돌리는 게 낫다.

둘째, 전체 진행 과정을 잘 엮어내자.

체험활동에 재미를 불어넣으려면 전체 흐름을 잘 짜는 기술이 필요하다. 즉, 교안을 잘 짜는 게 핵심이다. 체험활동의 목적과 주제, 도입부와 전개과정을 거쳐 마무리할 때까지의 짜임새를 탄탄히 갖출 필요가 있다. 이렇게 전체 흐름을 파악할 수 있는 단단한 뼈대만 형성하면 나머지는 의외로 쉽게 진행할 수 있다. 말 그대로 살만 살짝 갖다 붙이면 되므로 뼈대를 어떻게 구성할 것인가를 고민하는 게 최우선이다.

셋째, 여러 교수법을 적절히 활용하자.

뼈대가 형성된 다음에는 살을 붙이는 과정이 필요하다. 뼈대가 생생한 생명력을 갖기 위해선 체험활동의 내용을 그 목적이나 주제에 잘 연결시켜야 한다. 아울러 교실에서는 할 수 없던 여러 가지 교수기법과 알고 있는 교수기법을 마음껏 활용하자. 체험과 관련된 일화나 증언을 서로 비교하거나, 시청각자료를 이용해 생생함을 살려보자. 호기심과 신비로움을 부추길 수도 있고, 숨은 이야깃거리나 흥밋거리를 전할 수도 있다. 체험대상에 대한 의미를 여러 각도로 규정할 수도 있고, 과거와 현재, 미래를 넘나들며 그때마다 체험대상의 기술 수준과 풍습을 견줄 수도 있다. 필요하다면 체험과 관련된 문구나 시구를 인용할 수도 있

고, 영화나 그림을 보여줄 수도 있고, 음악을 틀어줄 수도 있고, 춤을
보여줄 수도 있다.

넷째, 흥미롭게 체험활동에 관한 이야기를 들려주자.

옛날이야기를 들려주듯 체험활동에 대해 설명을 하자. 옛날이야기는
아이나 어른이나 다 좋아한다. 빤한 이야기를 하는데도, 다 알고 있는
데도, 이야기를 듣노라면 어느새 그 안에 쏙 빠져있다. 왜 그럴까? 이야
기는 그렇게 생명력을 담고 있는 탓이다. 그러므로 체험현장의 어떤 설
명을 할 때는 차라리 옛날이야기 하듯 풀어내 보자. 교사가 아는 지식
을 다 쏟아부어 봤자 아이에게는 별로 관심거리가 아닐 수도 있으므로
재미난 내용을 바탕으로 삼아 이야기를 만드는 게 낫다. 즉, 이야기보
따리를 풀듯 말문을 트는 게 좋다는 말이다.

예를 들어 빗살무늬토기를 보자. '이 빗살무늬토기는 신석기 때 유적
으로 보는데, 대개 아래가 뾰족하고 강가나 바닷가에서 주로 나온다.'
는 설명보다는 '이 빗살무늬토기는 신석기 때 유적으로 보는데, 어떻게
그걸 알 수 있을까?', 아니면 '옛날에 석기만 쓰던 시절이 있었는데, 그
때 사람들은 음식이나 물건을 어떻게 보관할까 고민에 빠졌어.'처럼 궁
금증을 불러일으키면서 왜 그랬을까를 생각하게끔 이끄는 게 좋다. 그
러면 아이는 생각보다 훨씬 더 빨리 과거로 찾아간다. 아울러 풍부하고
다양한 상상력을 발휘하면서 빗살무늬토기 혹은 그걸 사용한 사람에
대한 생각에 잠기게 된다. 때로는 놀라운 관찰력이나 상상력으로 보는
이의 혀를 내두르게 한다.

왜 그럴까?

아이는 어른과 달리 사고에서도 어떤 특정한 생각이나 관점에 집착하지 않는다. 즉, 사회화가 덜 된 만큼 허를 찌르는 상상이 가능하며, 충분히 고려할 만한 관점을 제시할 능력을 갖추었다. 그러니 교사가 애써야 할 것은 지식의 단순전달보다는 지식의 탐구에 아이가 관심을 두도록 유도하는 것이며, 그에 따라 아이가 사고를 확장하면서 지식을 지혜로 바꾸는데 도움을 주는 것이며, 필요한 경우 함께 탐구하는 자세를 보여주어야 한다. 그럴 때 아이는 체험활동에 대한 흥미를 높이게 되고, 체험현장에서 끝없이 문제 제기와 의문을 제시하며, 그 문제를 풀기 위해 한 걸음 더 나아갈 준비를 하는 것이다. 아이가 의문을 제기할 때 곧장 정답으로 처리하는 방식 또한 금물이다. 왜냐하면, 그 고민거리에 대한 풀이를 아이가 때로는 홀로, 때로는 모두, 때로는 교사까지 다 함께 풀어가도록 할 때 교육 효과가 높아지고, 아이의 관심도 높아지기 때문이다.

다섯째, 즐겁게 행동하자.

아이랑 눈을 마주치며 신명 나게 움직이는 게 필요하다. 체험활동에 대한 자신감을 갖고서 아이랑 신나게 활동하다 보면, 열정을 갖고 손짓, 발짓, 몸짓을 해가며 정성껏 이끌다 보면 교사도, 아이도 어느새 체험활동에 흠뻑 빠지기 일쑤다. 그럴 때 체험활동은 살아서 움직이는 교사가 된다. 체험현장에서 뒷짐을 진 채 뒤로 빠지는 교사는 아이랑 더불어 즐기는 체험활동의 묘미를 챙길 수 없다. 갯벌에서 옷을 버리건, 온몸을 버리는 진흙체험을 하건, 온몸이 땀으로 젖는 운동을 하건,

옷이 흠뻑 젖는 물놀이를 하건 언제나 아이 곁에 있는 교사가 체험활동을 즐겁게 이끌 수 있다. 물론, 안전을 책임진 교사는 설령 그런 마음이 불쑥 들더라도 자제를 함이 마땅하지만.

여섯째, 필요하다면 교구를 쓰자.

체험활동에서는 각종 도구를 적극 사용함이 좋다. 현장에서 나눠주는 안내책자나 홍보물도 교재나 교구로 활용할 수 있고, 현장에 대한 안내도나 현장의 건물, 현장의 설비나 시설도 마찬가지다. 필요에 따라선 시청각도구를 맘껏 살리는 게 좋은데, 체험현장에서 동영상을 볼 수 있다면 적극 활용하자. 안전만 보장된다면 현장에 있는 각종 도구나 공구도 마음껏 써볼 일이다.

10) 아이 스스로 하게 하라!

아이 스스로 체험현장에서 의문을 제기하고, 그 답을 풀어나갈 수 있다면 굳이 교사가 필요하지 않다. 물론, 그런 일은 대개 일어나지 않는다. 앞서 교사는 의문을 제공하거나, 흥미를 유발시킬 필요가 있다고 했다. 그다음에 할 일은 그런 의문 혹은 궁금증을 아이가 스스로 풀어갈 수 있는 토대를 제공하는 것이다. 단, 고증이 필요하다거나, 전문가의 도움이 필요한 거라면 몰라도 체험현장에서 각종 해설가나 전문가, 현장 관계자로부터 알아낼 수 있는 정도라면 충분히 가능한 일이다. 또, 체험현장에서 아이가 스스로 보고, 듣고, 맡고, 만지고, 생각할 수 있는 거라면 아이가 못할 이유도 없다.

그러나 그런 훈련이 몸에 익지 않은 아이라면 처음부터 잘해 나갈 리 만무하다. 따라서 처음부터 홀로 하도록 내버려두기보다는 모둠으로 나눠 함께 해나갈 수 있는 과제나 수수께끼를 던지는 것이 필요하다. 이를 위해 현장에서는 몇 개의 작은 모둠으로 나눠 체험활동을 시키도록 하자.

보기로 봄철에 야생화 탐방을 가서 '봄에 피는 꽃'을 찾도록 해보자. 그러면 모둠에 따라 여러 가지 꽃을 찾게 된다. 어떤 모둠에서는 개나리와 진달래처럼 당장 눈에 띄는 꽃을 찾고, 어떤 모둠에서는 이제 동면에서 깨어나 땅바닥에서 기지개를 켜는 별꽃을 찾는다. 모두가 유심히 둘레를 관찰하다가 모르는 풀꽃이 나오면 준비한 식물도감을 펼쳐들면 된다. 아이가 스스로 도감을 보면서 그 풀꽃의 정체가 무엇인지를 찾도록 하는 게 체험현장에서 아이가 스스로 하는 공부다. 체험현장에서 자연은 놀랍게도 아이가 스스로 하나씩 문제를 풀어갈 수 있는 능력을 제공한다. 처음엔 망설이던 아이도 다른 아이랑 어울리면서 차츰차츰 문제 해결에 한 걸음씩 더 나아가게 된다. 그렇게 모둠별 활동이 끝나 모둠별로 찾아온 봄철의 풀꽃 나무를 펼쳐놓으면 어지간한 봄철 야생화는 다 볼 수 있다. 굳이 교사가 나서서 할 필요가 없는 것이다. 교사는 아이들 힘으로 풀지 못한 숙제를 함께 푸는 태도와 자세를 견지하면 된다.

그런 훈련이 되풀이된다면 어느새 아이는 모둠이 아니라 혼자가 되더라도 스스로 문제를 처리해 가는 능력을 갖추게 된다. 이런 모습은 자연에서뿐만 아니라 박물관이나 사찰, 궁궐이나 거리 등 장소를 가리지 않고 펼칠 수 있다. 아이가 좋아서 스스로 할 때 나타나는 교육 효과는 굳이 말하지 않아도 되리라.

11) 집중할 수 있는 분위기를 만들어라!

체험학습이 어려운 것은 역시 주의집중이 쉽지 않은 거다. 그럼 어떻게 하면 체험현장에서 주의를 집중하도록 할 수 있을까?

암만 교사가 좋은 고민거리, 궁금증이 일어날 만한 거리를 던졌다 하더라도 아이가 들떠서 움직이기만 하면 아무래도 의도한 효과를 거두기가 쉽지 않다. 그래서 체험현장에 가면 먼저 아이의 마음이 차분히 가라앉은 상태가 되도록 할 필요가 있다. 마음이 차분히 가라앉아야 아이는 맞닥뜨려야 할 주제에 대하여 자세히 관찰할 자세를 갖추기 때문이다.

아이가 어느 정도 흥분이 가라앉고, 집중됐다고 판단되면 체험주제를 현장에서 어떻게 하나씩 풀어갈 수 있을지 아이에게 의견을 물어보자. 그러면 자연스럽게 체험현장에서 집중해야 할 것, 아이가 지켜야 할 원칙, 조심할 것에 관한 규정이 마련된다. 교사가 제시하는 게 아니라 아이가 만드는 규정이므로 아이는 놀랍도록 진지하게 임할 때가 많다.

보기로 체험현장에서 아이가 자유롭게 기자처럼 취재활동을 한다고 치자. 그러면 취재에 앞서 취재현장에서 지켜야 할 원칙 몇 가지를 아이 스스로 만들도록 한다. 아이들은 곧장 필요한 원칙을 만들면서도 스스로 만든 그 원칙을 지키려고 애쓴다. 일부 원칙은 교사의 눈이 아닌 아이의 눈으로 세워진 원칙도 있다. 때로는 무릎을 탁 칠만큼 기발한 내용도 나온다. 원칙을 정한 다음에는 취재할 주제에 관한 내용을 작성하도록 한다. 우리 동네에 있는 식당을 취재한다면 어떤 식당이 있는지, 어떤 식당을 중심으로 취재할 것인지를 정하도록 하면 그 또한 금세 정하고 만다. 한글이름과 영어이름의 비율은 어떤지, 아이가 좋아하는 식당과 그렇지 않은 식당, 깨끗한 식당과 더러운 식당, 인기 좋은 식당과 그렇지 않은 식당처럼 애들은 취재거리를 척척 잘도 찾아낸다. 그렇게 아이끼리 원칙과 취재내용을 정하고 나면 이제 활동에 나설 때다. 당연하겠지만 그런 과정을 거친 아이는 취재현장에서도 적극적으로 활동하기 마련이다. 사물이나 사람을 좀 더 자세히 보려고 애쓰고, 그 결과 아이는 눈에 들어오는 여러 가지에 대하여 의문을 품게 된다. 필요에 따라선 사람을 인터뷰하고, 자료를 취재해 오기도 한다. 결국, 아이가 스스로 체험활동의 주체로 나설 때 아이 스스로도 놀랄 만큼 아이는 새로운 모습으로 태어난다. 어른의 놀라움 또한 마찬가지다. 이렇듯 바깥 체험활동에서는 애들이 자유롭게 움직이되, 뭔가 뚜렷한 주제를 갖고서 스스로 집중할 수 있는 분위기를 형성하는 것이 중요하다.

12) 눈높이 교육을 하라!

눈높이교육이란 교육수준을 아래로 낮추는 게 아니라 교육대상으로 적합하게 들어가 바라는 교육목적에 부합하는 교육내용을 공감하는 걸 뜻한다. 즉, 교육대상에 따라 그 대상이 가장 잘 이해하는 방식, 그 대상이 가장 잘 알아들을 수 있는 언어와 행동으로 만나는 거다. 그러니 체험학습을 떠날 때는 어른 입장이 아닌 아이 입장에서 체험활동을 할 필요가 있다. 그게 눈높이교육이다.

따라서 체험현장으로 가면 아이의 처지와 입장, 아이의 언어와 행동으로 체험활동에 다가감이 좋다. 또한, 아이는 살아있는 유기체이므로 그 발전하는 과정이 저마다 다르다. 무엇보다 사회화과정이 정착돼 사고가 고정된 어른과는 달리 애들은 사고방식이나 생각이 사뭇 다르다. 그러므로 그런 아이의 눈높이에 맞춰 체험활동을 함이 좋다.

보기를 들어보자. 아이에게 선사시대의 흐름을 설명한다 치자. 어른도 선사시대에 대한 감이 제대로 없는데, 아이인들 오죽하랴! 만약, 유치원이나 초등학교 저학년을 상대로 이야기를 풀어간다면 일반적인 접근법으로는 어려움을 겪을 수밖에 없다. 그때 대상에 따라 슬쩍 방식을 바꾸는 것이다. 어린아이라면 구석기와 신석기, 청동기와 철기를 나눌 때 다음처럼 말하는 것도 나쁘지 않다. 아기가 태어나서 엄마 젖을 먹으며 기는 단계, 어린이집으로 가는 단계, 유치원으로 가는 단계, 초등학교로 가는 단계를 빗대어 말하면 훨씬 쉽게 이해한다. 그리고 그 각각의 단계에서 가지고 노는 장난감 이야기를 하면 좋다. 유아의 장난감과 초등학생의 장난감이 같을 리가 없다. 물론, 그런 방식이 반드시 옳다는 게 아니다. 하지만 적어도 석기니, 철기니 하며 시대를 구분하는 이유는 어렴풋하게나마 알게 된다. 어떤 장난감을 갖고 노는가에 따라 시대를 나눈다는 것, 그리고 유치한 장난감을 갖고 놀수록 더 옛날이라는 걸 어느 정도는 깨치게 된다. 물론, 높은 학년이라면 도표를 보면서 현재에서 과거로 데려가면 된다. 애들을 무궁한 상상의 세계로 끌고 들어가면서 그 상상하는 세계의 실제 유물을 보여주고, 오늘날의 비슷한 생활용품과 비교를 시키면 교육 효과는 물어보나 마나이다. 이렇듯 대상에 따라 눈높이를 조절하면서 다가갈 필요성이 높은 교육이 바로 체험학습이다.

13) 지나치게 보호하지 마라!

체험현장에 가면 교사가 어떤 특정한 아이를 마치 동물세계의 어미가 제 새끼 돌보듯 옆에 딱 끼고 다니는 모습을 볼 수 있다. 아이가 갑자기 놀랐건, 아이끼리 심한 다툼이 있었건, 아이가 왕따를 당했건 필경 무슨 사연이 있어 그런 것이리라. 그러나 그럴 때도 신중한 자세가 필요하다. 어떤 아이가 철저하게 지척의 거리에서 교사의 도움과 보호가 필요하다면 마땅히 그렇게 하는 것이 바람직하다. 그러나 때로는 아이가 멀쩡한 데도 그렇게 하는 경우도 있음을 종종 보게 된다. 왜 그럴까?

분명히 어떤 아이는 체험학습 나들이를 갔을 때 그 바뀐 환경에서 또래 친구들과 잘 어울리지 못하고 어른인 교사에게 기댈 수 있다. 그 자체는 분명 그리 큰 문제가 되지 않는다. 그러나 진짜 문제는 그다음에 있다. 교사의 역할은 그 아이를 안정시킨 다음에 체험학습에 맞는 분위기를 조성해 주고, 그 아이 또한 체험학습이라는 본래의 목적과 목표에 걸맞게 활동할 수 있도록 도와줌이 옳다. 이럴 때는 다른 아이를 다룰 때와 달리 좀 더 시간을 갖고, 인내심과 끈기로 아이를 서서히 체험현장으로 끌어가는 요령이 필요하다.

　최악의 상황은 그렇게 노력을 해도 아이가 다른 아이랑 어울리지 못하는 거다. 그럴 때는 어쩔 수 없이 교사와 함께 움직일 수밖에 없다. 교사는 아이들이 스스로 움직이도록 협조하는데 그치는 것이 좋지만, 그렇지 못한 아이가 있다면 달리 뾰족한 수가 있겠는가? 아이가 현장의 체험활동에 흥미를 느끼고, 스스로 체득할 수 있도록 교사가 분위기를 만드는 수밖에 없다. 그럴 때 교사의 어려움은 배가되지만 그렇게라도 체험활동에 재미를 붙이도록 유도하는 게 낫다. 아이와 함께 조금씩 체험을 하면 서서히 다른 아이도 관심을 두고 기웃거리기 시작한다. 그러면 그때부터는 한결 수월해진다. 왜냐하면, 이내 다른 아이랑 어울려 체험활동을 하게 될 테니 말이다.

　하지만 아이가 쉽사리 교사에게서 떨어지지 않으려 하고, 교사 또한 은근한 불안감으로 아이를 지나치게 보호할 때 결국 교사도, 아이도 피해를 보게 된다. 아이는 아이대로 체험현장의 참맛을 살리지 못하고, 교사는 교사대로 이중고에 시달리게 된다. 그러므로 지나친 보호는 되레 교육 효과를 떨어뜨릴 수도 있음을 알고, 적절하게 대처함이 바람직하다.

14) 문화유산해설사 과정에 나타나는 원칙!

　앞서 밝힌 몇 가지 원칙을 잘 숙지하고서 체험학습의 체험활동에 임하면 아이랑 즐겁고 신나는 체험시간을 가질 수 있다. 다음은 체험현장에서 아이랑 행복하게 보내는 원칙 가운데 남은 몇 가지 팁이다. 이

원칙은 문화유산해설사 과정[3]에 등장하는 원칙인데, 참고자료로 활용할 수 있게끔 살짝 바꾸어 소개한다.

첫째, 교사는 될 수 있으면 부드럽고 정다운 낯빛과 표정, 말투로 아이를 만난다.

둘째, 체험활동에 대하여 사전학습을 통해 지식을 쌓고, 쉽게 설명한다.

셋째, 아이가 원하는 것을 신속하게 처리한다.

넷째, 체험활동 내용을 정확히, 그리고 확실히 숙지한다.

다섯째, 아이의 장난과 농담, 곤혹스런 질문에도 끝까지 진지하게 대응한다.

여섯째, 마음속에서 우러나오는 웃음을 머금는다.

일곱째, 특별한 경우를 빼곤 옷차림과 외모가 교사로서 품위를 유지할 수 있도록 한다.

여덟째, 현장의 사정과 상황에 따라 걸리는 것 없이 부드럽게 체험을 진행한다.

아홉째, 한꺼번에 너무 많은 것을 베풀거나, 도에 지나치게 보따리를 내놓지 않는다.

열째, 순간순간마다 아이의 요구를 정확히 판단해서 수용 여부를 행동으로 옮긴다.

---

3) 더 자세한 내용을 살펴보려면 「문화재해설 서비스론」, 『경남문화해설』, 경상남도, 진주국제대학교, 2004 및 「문화유산해설기법 및 안내요령」, 『경남문화해설』, 경상남도, 진주국제대학교, 2004를 참조하면 된다.

5. 현장체험학습의 유형

체험학습은 그 종류가 워낙 많고, 체험의 방법이나 과정도 부지기수라 그 모든 걸 일일이 다 소개할 수는 없다. 또한, 그 유형을 나눌 때도 분류기준을 어떻게 세우느냐에 따라 얼마든지 다른 유형의 제시가 가능하다. 즉, 형식에 따른 분류[4], 주제에 따른 분류[5], 체험주최에 따른 분류[6], 도구에 따른 분류[7], 지역에 따른 분류[8] 등이 그것이다. 여기서는 대표적인 체험학습 유형만 몇 가지 소개한다. 주제에 따른 분류를 기본으로 해서 소개할 참인데, 여기서 빠진 다른 체험유형이나 체험방법, 체험과정이나 체험기법은 저마다 처지와 사정에 맞춰 쓸 일이다.

---

[4] 형식에 따른 분류로는 실내체험, 실외체험, 실내외복합체험, 실외의 텐트형 체험 등으로 크게 나눌 수 있다. 실내체험은 말 그대로 실내에서, 실외체험은 실외에서, 복합체험은 동시에, 텐트형 체험은 실외에서 텐트처럼 열린 공간에서 하는 체험유형을 말한다.

[5] 주제에 따른 분류는 광범위한 주제에 따라 체험활동을 하는 체험유형을 뜻한다. 기준이 추상적이므로 한국십진분류법(KDC)의 기준을 참고하여 유형분류를 하면 편리하다. 철학·종교체험학습, 인문사회과학체험학습, 자연기술과학체험학습, 문화예술체험학습, 어학체험학습, 문학체험학습, 역사체험학습이 그것이다. 단, 사찰답사처럼 종교단체를 방문하더라도 문화유산답사를 할 때는 역사체험으로 귀결시킨다.

[6] 체험주최에 따른 분류는 체험학습을 개최하는 주최에 따른 분류다. 국가에서 진행하는 국립현장체험학습, 지방자치단체나 공기업에서 진행하는 공립현장체험학습, 개인이나 단체, 기업에서 진행하는 사립현장체험학습이 그것이다.

[7] 도구에 따른 분류는 체험활동을 할 때 도구를 쓰는 여부에 따라 정해진다. 도구적 유형과 비도구적 유형으로 분류한다.

[8] 지역에 따른 분류는 체험활동을 하는 지역이 도시라면 도시형, 시골이라면 시골형으로 나뉜다. 시골형은 다시 농촌형, 어촌형, 산촌형으로 세분할 수 있다.

1) 역사체험

　역사현장에서 체험활동을 할 때는 무엇보다 체험활동의 배경이 되는 역사에 대한 사전학습이 필수다. 대부분 실내가 아닌 실외라는 점, 주의가 쉽게 산만해지는 점을 고려하여 교수법을 고민함이 좋다. 특히, 역사체험은 역사지식의 암기나 주입을 주로 하는 교실강의와 달리 당장 눈앞에 펼쳐진 유물이나 유적지를 매개로 이야기를 풀어가므로 생생한 교육을 펼칠 수 있다. 그러므로 역사체험에서는 준비할 때 현장의 여러 요소를 잘 고려해야 비로소 교육 효과를 극대화 시킬 수 있다.

　실제로 똑같은 유적지 풍경이라도 시간과 공간에 따라 그 느낌이 바뀔 수 있다. 유적지에서 비와 눈이 올 때와 맑은 날 햇살이 눈부실 때는 당연히 그 느낌이 다르다. 같은 유적지라도 새벽에 들릴 때와 밝은 대낮에 들릴 때, 달밤에 별과 더불어 만날 때 각각 그 느낌이 다르다. 같은 역사주제라도 장소에 따라 느낌이 다른 건 말할 필요도 없다. 또

한, 그런 느낌의 차이는 방문한 사람의 마음과 기분에 따라서도 변한
다. 똑같은 유적지와 유물을 보더라도 감상자의 마음과 감정, 분위기에
따라선 얼마든지 다르게 보일 수도 있다.

역사체험에서는 그런 감동과 느낌을 잘 살려서 아이가 자연스레 역사
에 흥미를 붙일 수 있도록 끌어들이는 게 중요하다. 아래에 몇 가지 실
례를 참고하자.

① 산성체험

아차산성으로 역사체험을 떠난다 치자. 오르는 들머리를 서울시 중랑
구로 잡았다면 먼저 그 동선부터 빨리 짜는 게 좋다. 동선은 뻥튀기 골
에서 시작해 용마산 약수터를 거쳐 팔각정, 용마산, 헬기장, 아차산, 대
성암, 낙타고개, 아차산성, 생태공원으로 이어지는 경로로 진행한다. 동
선을 완성한 다음 산성을 아이랑 체험할 때 중요한 것은 무엇일까?

첫째, 서두르지 말자.

서두를 필요 없이 느긋하게 쉬엄쉬엄 올라보자. 비록 해발고도가 낮
다고는 하나 산행을 겸한 역사체험이므로 체력낭비가 포함되기 때문이
다. 또한, 역사체험을 떠날 때는 여기저기를 찍고 도는 관광처럼 할 게
아니라 중요지점마다 얽힌 이야기를 살펴보는 게 필요한 탓이며, 자세
히 보기를 하려면 아무래도 서두르지 말아야 하는 탓이다.

둘째, 중요 지점에서는 쉬었다 가자.

나타나는 지점마다 쉬어갈 겸 이야기보따리를 풀어내자. 약수터에서

도 쉬고, 팔각정에서도 쉬고, 헬기장에서도 쉬고, 낙타고개나 연리근에
서도 쉰다. 그런 지점은 죄다 쉼터인 동시에 교육장소다. 산에 이름을
붙인 옛사람의 뜻도 살피고, 산 아래를 굽어보며 왜 그곳에 산성이 자
리했는지 이야기를 나누는 거다.

셋째, 주제는 충분히 다루자.

종착지인 생태공원에 이르면 생태와 역사체험을 겸할 수 있다. 그곳
에서는 생태공원을 조성한 배경과 목적, 공원설계와 조경, 내보인 생태
환경과 수목 등이 어떤지 살펴볼 수 있다. 그러나 주제는 역사체험이므
로 그곳에서 아차산성과 온달장군 이야기를 보태면 된다. 역사에 대한
호기심의 증대는 그만큼 역사에 관한 관심을 불러일으키기 쉽다. 그러
나 역사는 우리가 모르는 부분도 많고, 풀어가야 할 대목도 많다. 중요
한 것은 역사체험은 역사지식만을 배우러 떠나는 게 아니며, 더더구나
어떤 역사적 사건이나 특정 인물에 대한 정답을 찾아가는 것도 아니다.
그보다는 역사 읽기를 통해 오늘을, 그리고 내일을 준비하는 눈을 기르
는 게 필요하다. 온달장군이 활약하던 삼국 후기의 상황과 고구려의 대
처를 살피고, 오늘날 우리를 둘러싼 국제관계와 우리의 사정을 서로 견
주며 미래를 대비하는 안목을 키우는 게 더 소중하다.

② 궁궐체험

창경궁을 체험현장으로 정했다고 치자. 솔직히 궁궐로 가서 궁궐의
역사나 전각 이야기만 쭉 풀어 가면 정말 지루할 터다. 그러나 궁궐에
얽힌 세세한 이야기, 숨은 이야기, 인물 이야기를 덧붙이면 이야기는
달라진다. 무엇보다 사람 이야기는 언제나 흥미로운데 역사에 있어서

는 더더욱 그렇다. 특정한 역사적 사건의 배후에는 언제나 등장인물이 나타나기 마련이며, 그 인물을 중심으로 펼쳐지는 이야기는 어른, 아이 가릴 것 없이 귀를 쫑긋하게 만든다. 서울의 5대 궁궐은 죄다 조선의 궁궐이니 조선 왕조에서 일어난 일을 찾으면 된다. 그게 어디 한두 가지겠는가? 이야기는 끝없이 이어지겠지만 여기선 창경궁 이야기만 하면 된다.

첫째, 창경궁에 얽힌 조선 왕조의 사건과 인물 중 대표적인 것만 대충 훑어보자.

혜경궁 홍씨, 장희빈, 사도세자. 정조의 독살, 소현세자의 독살, 노론과 소론, 서인과 남인, 인조처럼 밤을 새워도 끝나지 않을 이야깃거리가 수두룩하다. 오늘날도 청와대에서 일어나는 일을 종종 현대사극으로 재미있게 풀어가듯 왕실과 왕족에 얽힌 이야기는 언제나 세인의 궁금증과 관심을 끌기에 충분하다. 중요한 것은 그런 과거 인물에 얽힌 권력관계를 보면서 현재 인물에 얽힌 권력관계를 비교하는 것이고, 미래 인물에 얽힐 권력관계가 나라와 겨레를 위해 어떻게 전개되면 좋을지 서로 터놓고 토론하는 거다. 그렇다면 역사체험에서는 오직 사건이나 인물들의 이야기만 하는 게 좋은가? 물론, 그렇지 않다!

둘째, 역사가 아닌 부분을 파고들어 흥미로움을 더하게 만들자.

역사체험을 위해 현장을 둘러볼 때 때로는 역사가 아닌 다른 측면, 특히 문화나 예술, 건축 부문으로 파고들 수도 있다. 이르자면 양화당과 통명전, 함인정에는 전각 곳곳에 숨어 있는 그림이 많다. 그것만 찾아도 시간 가는 줄 모른다. 전각이나 담에는 어떤 조각과 문양이 새겨져 있는지 숨은 그림을 찾듯 해보는 거다. 심지어 정전으로 오르는 계단의 소맷돌 옆에도 무늬가 새겨져 있다. 무엇이 있는가? 구름이다. 그렇다면 정전은 구름 위의 전각, 즉 천상의 전각인 셈이다. 왜 하필 천상의 세계를 표현했을까? 그건 모름지기 이상 사회를 바라는 건 동서고금을 막론한 인류의 꿈이기 때문일 것이다. 그러니 조선의 석공 또한 태평성대의 꿈을 그렇게 담은 게 아닐까? 아니면 고위관료가 석공에게 그렇게 새기라고 지시한 걸까? 아무튼, 그렇게 숨은그림찾기를 하는 것은 역사체험에 흥미를 갖도록 하는데 괜찮은 방법이다.

셋째, 궁궐의 구조를 살펴보고, 거기에 얽힌 이야기를 풀어보자.

창경궁은 일제강점기 때 일제에 의해 훼손을 당한 흔적이 가장 많이 남은 궁궐로 알려졌다. 실제로 그 증거를 창경궁에서 찾을 수 있을까? 대표적으로 손꼽는 게 동·식물원이다. 동물원은 이제 없지만, 식물원은 여전히 남아있다. 식물원을 보면서 과연 그게 어떻게 비치는지 아이 스스로 생각하도록 해보자. 어쩌면 아이 다수가 식물원이 더 좋다고 할 수도 있다. 왜? 아이에겐 당장 눈에 보이는 깨끗하고 깔끔한 식물원의 현실이 더 가까이 다가오지, 보이지 않는 옛 창경궁의 모습이 더 와닿지 않기 때문이다. 그렇다면 또 다른 숙제가 주어진다. 이런 역사현장에서는 대체 그 방향을 어떻게 이끌어가는 게 좋단 말인가? 그런 걸 아이랑 같이 고민하는 게 역사체험이다.

창경궁이야기는 여기서 끝나는 게 아니다. 아직도 갈 길이 많다. 탑이 옮겨 간 이야기, 내농원 터에 못을 판 이야기, 전각이 철거당한 이야기, 종묘길이 분리된 이야기, 수강궁 이야기, 중심 건물인 정전이 다른 궁궐에 비해 작은 까닭, 왜 옛날에는 궁궐에 화재가 잦았는지, 동궁 터와 연회를 벌이던 장소 이야기처럼 무궁무진한 이야기 마당이 펼쳐진다. 그런 지점이 바로 역사체험현장에서 교사가 아이랑 만나는 지점이자, 역사를 통해 세상을 보는 눈을 키우는 매개가 된다. 이처럼 문화유산에는 그것만의 얽힌 이야기가 담겨 있어 즐거운 법이다.

③ 고분체험

이번에는 고분을 들리도록 하자. 고분은 주로 왕릉이나 왕족의 무덤, 지배층의 무덤일 확률이 높다. 그리고 고분에서 나온 출토유물이 많으면 몰라도 유물이 적다면 그 고분에 대하여 자세히 알기가 어렵다. 그런 곳에서는 어떻게 체험학습을 진행하면 좋을까? 몇 가지 보기를 통해 알아보자.

첫째, 경주 남산의 삼릉이다.

과연 이 삼릉의 주인공은 누구일까? 발굴에 참여한 학자들도 서로 의견이 다르다. 왜 그럴까? 발굴 결과 무덤의 형식이 다른 무덤들과 차이가 있음이 밝혀졌음에도 왜 속 시원한 결과는 나오지 않는 걸까? 그러므로 삼릉에 가면 삼릉의 유래와 배경에 대해 이러쿵저러쿵 설명하는 것보다는 발굴과 관련된 이야기로 시작하는 게 훨씬 더 낫다. 궁금증과 호기심을 충분히 불러일으킬 수 있는 까닭이다. 그래서 고분이나 왕릉으로 갈 때는 발굴현장과 무덤형식에 대한 사진이나 그림 자료를 챙기면 좋다. 흔히, 삼릉의 주인공이라 전해지는 왕은 아달라왕과 신덕왕, 그리고 경덕왕이다. 그런데 좀 이상하지 않은가? 어떻게 해서 신라 초기의 왕 무덤과 후기의 왕 무덤이 같은 자리에 있는 걸까? 과연 그게 가능한 일인가? 그런 의심에서부터 역사체험을 시작하면 스스로 고민하거나, 자료를 더 찾거나 연구하지 않을 수 없다. 그런 걸 현장에서 아이랑 같이 이야기하는 게 역사체험의 맛이다. 우리나라에는 안타깝게도 고분과 왕릉이 누구의 것인지 모르는 것이 많다. 조선 왕릉 중 신분이 밝혀진 왕릉과 백제의 무령왕릉을 빼면 대부분 능의 주인을 우리는 모른다. 단지, 학술자료를 근거로 해서 고분이나 왕릉의 주인공이 누구일 거라며 짐작할 뿐이다. 왜 이런 일이 생겨난 걸까? 물론, 도굴이 워낙 심해 무덤의 주인공을 짐작할 수 있는 유물이 사라진 탓에 생겨난 일이다. 그러니 고분이나 왕릉을 찾아가는 역사체험에서는 확실하지도 않은 설명보다는 차라리 여러 가지 궁금증과 의문을 제시하면서 체험을 이어가는 게 필요하다. 그럴 때 아이는 고분의 모습, 크기, 높이에 대하여 새삼 더 관심을 나타내기 마련이다. 그런데 고분은 오늘날 공동묘지처럼 종종 한데 몰려있다. 고분은 왜 때로 몰려있을까? 그런 대목도 이야기를 나누기 좋고, 고분의 입지 또한 이야기를 나누기 좋다. 참, 말이 나온 김에 제안도 하나 하자. 고분이나 왕릉 같은 문화유산을 잘 관리하려면 적어도 국가나 지방자치단체에서 고분이나 왕릉 옆에는 발굴현장을 토대로 한 발굴 단면도, 발굴 당시의 사진, 발굴 결과 밝혀진 무덤모형 정도는 제작해 두는 게 어떨까? 그러면 고분이나 무덤에 대하여 일반인의 관심이 한층 더 높아질 텐데.

둘째, 김해의 김수로 왕릉이다.

김수로 왕릉 앞에는 돌로 만든 동물이 있다. 왜 그런 게 있을까? 가야시대에도 과연 그런 치장을 했을까? 어떤 연유로 그곳에 석물이 자리한 걸까? 석물에 등장하는 동물은 주로 어떤 동물인가? 왜 그런 석물을 세웠을까? 게다가 왕릉의 정문인 납릉정문의 문양에는 쌍어가 그려져 있다. 이 쌍어는 대체 어디에서 나타나 여기에 있는 걸까? 게다가 귀면은 왜 있으며, 닭처럼 생긴 저 짐승은 왜 있는 걸까? 그런데 김수로 왕릉은 왜 보통 사람의 무덤에 비해 큰 것일까? 아이는 정확히 알고 있다.

"여기에 있는 김수로왕릉의 무덤이 큰 까닭이 무엇인지 혹시 말해볼 사람?"
"거기에 묻힌 왕이 커서요!"

아이의 눈은 언제나 새롭고, 아이의 생각은 늘 생기를 돋운다. 그러나 분명히 진실의 한 단면을 보고 있다. 권력 과시를 위한 큰 무덤이라는 정해진 정답 같은 등식을 지식으로 갖고 있는 어른과는 달리 아이는 있는 그대로 보고, 있는 그대로 생각한다. 한편, 김수로 왕릉에서 즐겨 쓰는 색은 검은색이다. 왜 그럴까? 귀띔하자면 가야문화는 철기문화를 바탕으로 삼았다. 바로 그 검은 철기에서 답을 짐작할 수 있다. 아무튼, 현장에서 아이랑 그런 이야기를 주고받는 거다. 교사가 알고 있는 지식에다 아이의 눈이 겹쳐지면 새로운 해석이 나오며, 새로운 창조물이 탄생한다. 역사체험이 갖는 또 다른 맛이다.

④ 근·현대사체험
역사체험을 할 때 아무래도 가장 민감한 부분은 근현대사 이야기다. 사실, 역사에서 으뜸가는 부분이 근현대사라 할 수 있다. 왜냐하면, 현재의 모습이 근현대사에서 비롯되었기 때문이다. 그러나 안타깝게도 우

리는 근현대사에 대하여 제대로 배우지 못했으며, 지금도 그렇다.

이럴 때 바람직한 방법은 무엇일까?

골치 아프게 머리를 싸맬 일 없이 근현대사를 바라보는 여러 입장을 다 같이 고민하는 것이다. 아이랑 여러 입장을 검토하면서 오늘날 우리 사회의 모습이 어디에서 기인했는지를 살펴보면 그만이다. 우리의 근현대사는 왕조의 실정과 민생파탄, 식민지와 동족상잔의 전쟁, 분단과 외세, 경제성장과 빈부격차, 군사독재와 민주주의, 지역감정과 지역이기주의, 수도권과 지방의 불균형개발 등으로 복잡하게 얽혀있다. 그런데 정작 심각한 문제는 그렇게 복잡한 부분을 특정한 이데올로기나 정치적 성향, 종교적 입장에 따라 아이에게 교육한다는 것에 있다.

무엇보다 심각한 문제는 세상만사를 선과 악, 옳고 그름으로만 판단하는 이분법적 잣대가 팽배하다는 거다. 역사를 이분법으로만 사고하면 현재의 모든 정치·사회·문화·예술적 행위 또한 이분법으로만 바라보게 된다. 그러면 결과는 빤하다. 나는 옳고 너는 틀리다, 나는 좋고 너는 나쁘다, 내가 한 정책은 선이고 네가 한 정책은 악이다, 나를 따르는 사람과 단체는 올바르고 너를 따르는 사람과 단체는 그릇되다, 내 편은 동지고 내 편이 아니면 적이라는 식으로 나아가기 십상이다. 나도 틀릴 수 있고, 나도 악할 수 있고, 나도 그릇될 수 있고, 내가 되레 적일 수도 있음을 대부분 상정하지 않는다. 결국엔 나쁜 짓을 저지르고도 온갖 핑계와 변명, 명분을 만들어 정당화하고 합리화한다.

그래서 역사체험을 할 때 가장 경계해야 할 요인이 바로 이데올로기적 요소, 정치적 요소, 종교적 요소, 언론적 요소다. 한국에서 벌어지는 좌우이데올로기의 대립, 여야정치권의 동서갈등, 종교의 반목, 언론의 왜곡이 그 좋은 보기다. 그러니 결국 근현대사를 체험할 땐 이분법적 시각보다는 다원적 입장에서 접근하는 게 좋다. 그리고 의문이 생기는 대목은 파고 또 파고들어야 한다. 그래서 자라나는 애들이 역사를 통해 앞으로 나아갈 길을 다각도로 찾는 것이 좋다.

특히, 전직 대통령의 생가나 특정인물의 기념관, 근현대 역사관이나 전쟁 관련 기념관을 방문한다면 더더욱 주의를 기울일 필요가 있다. 무엇보다 교사는 자기가 지지하는 이데올로기나 정치입장, 자기가 믿는 종교나 언론의 입장을 주장해선 참으로 곤란하다. 그보다는 아이와 함께 진실규명을 위해 있는 그대로를 찾아가는 길눈이임을 잊지 말아야 한다. 있는 그대로를 보여주지 않을 거라면 불필요한 해설이나 덧붙임은 오히려 아니함만 못하다.

아울러 근현대사 체험을 할 때 지나치게 역사성, 인문성만 강조할 필요도 없다. 특정 인물이나 사건을 애써 미화하거나, 애써 비난할 이유도 없다. 그저 있는 그대로 진행하면 될 뿐이다. 비록 우리의 근현대사가 일부 아픔으로 얼룩졌다고 해서 모든 게 다 슬프거나 복잡한 것만은 아니다. 그 좋은 보기가 바로 슬레이트 지붕이다. 슬레이트 지붕은 시대에 따라 그 의미가 바뀌었다. 새마을운동의 초가지붕 개량사업은 가난의 상징인 시골의 초가를 근대화로 바꾸자는 건데, 기와를 올릴 형편이 되지 않을 때 슬레이트 지붕을 올린 것이다. 그것은 분명 근대화의 상징이다. 그러나 현대에 접어들어 슬레이트 지붕은 새마을운동을 앞세운 전제정치의 획일적 행정지침의 산물이요, 사라져야 할 근대의 유물, 가난의 상징으로 바뀌어버렸다. 슬레이트 지붕에도 정치적 배경이 얽혀 있다. 그러나 역사체험이란 게 꼭 그런 것만 짚어야 할까? 단연코 아니다! 시각을 바꾸면 또 다른 배경을 찾을 수 있다. 즉, 슬레이트 지붕은 근대화가 남긴 부끄러움이 아니라 우리의 삶이 담긴 아름다운 지붕이다. 왜 뜬금없이 빈부의 차가 극심한 대표적 현장이자 이제는 사라져야 할 근대화의 아픔이 담긴 가난의 상징인 슬레이트 지붕을 아름답다고 여기게 된 걸까? 바로 거기에 사람이 살기 때문이다! 즉, 가난이 사는 게 아니며, 개발이데올로기가 사는 게 아니며, 더더군다나 정겨움이나 그리움이 사는 것도 아니다. 그저 단순히 동시대를 살아가는 가난한 사람이 여전히 그 속에서 생활하고 있으며, 육중한 콘크리트 건물 사이에 자리했을망정 그 집에 사는 그 사람, 그 가족에게 비바람을 피하도록 막아주기 때문이다. 사람이 사는 집의 지붕을 왜 부끄러워한단 말인가? 그 집이 낡고 오래돼 붕괴될 지경이라면 우리가 손을 내밀어 도와줄 일이지, 결코 그 지붕이 부끄러울 일은 없다. 그 또한 지금 이어지는 현재진행형의 역사일 뿐이다. 이렇듯 근현대사를 살펴보는 일도 생각과 관점, 기준에 따라선 전혀 다른 잣대가 적용될 수 있으므로 신중을 기할 일이다.

아무튼, 역사체험의 참맛을 느끼려면 역사현장에서 시간여행을 잘하는 게 필요하다. 타임머신을 타고 옛날로도 가고, 현재로 나왔다가 미래로 나아갈 때 역사체험은 그 의미가 깊다 하겠다.

⑤ 사찰체험

우리가 문화유산을 찾아 나설 때 겪는 어려움 중의 하나가 바로 문화유산감상법이다.[9] 문화유산을 어떻게 감상하는지 몰라서 허무하게 발길을 돌린 적이 종종 있을 것이다. 특히, 사찰답사를 어려워하는 사람이 많으므로 여기서는 사찰답사를 중심으로 몇 가지 살펴본다.

첫째, 사찰에서 탑을 보는 법이다.

탑을 바라볼 때는 먼저 탑의 정면 아래로 가서 올려다보자. 그런 다음 정면에서 탑의 높이만큼 뒤로 물러서서 본다. 이어서 탑을 대각선 방향 아래로 가서 올려다보고, 마지막으로 대각선 방향에서 뒤로 서서히 물러서며 탑을 바라보자. 그럴 때 비로소 사찰의 전각이며 뒷산의 능선 실루엣과 어울리는 기막힌 탑을 볼 수 있다. 우리의 문화유산은 이처럼 자연과 자연스레 어울리고, 둘레 이웃과 조화롭게 어우러져 있음을 절로 깨닫게 된다. 그다음 탑에 관한 이야기를 할 때도 그 탑에 얽힌 지식, 배경을 먼저 아이에게 들려주기보다는 그 탑 자체를 아이 스스로 살펴보도록 하자. 탑의 재료가 무엇인지, 몇 층짜리로 높이는 대략 얼마쯤 되는지, 탑의 생김새는 어떤지, 탑에는 어떤 게 새겨져 있는지, 탑 둘레에 배치된 게 있다면 무엇인지 따위를 먼저 보게 되면 호기심과 궁금증이 한층 높아진다. 그렇게 하나씩 둘러본 다음 마지막으로 탑에 대하여 정리할 때 역사지식이나 배경을 덤으로 들려주면 된다. 이 방법은 부분에서 전체로 나아가는 방법이다. 명심할 것은 역사지식이 아니라 아이가 문화유산에 관심을 갖도록 유도하는 것이고, 그다음은 아이가 스스로

---

9) 문화유산감상법에 대하여 더 알고 싶으면 졸저, 「현장체험학습 현장에서」, 『현장체험학습 길라잡이 부모 편』을 참조하라.

해당 역사지식이나 관련 정보를 찾도록 도와주는 일이다.

둘째, 불상을 감상하는 법이다.

불상을 볼 때도 마찬가지로 자세히 보기가 우선이다. 희미한 마애불 같은 불상은 자세히 봐도 눈에 잘 들어오지 않는다. 그럴 땐 전체 모습이나 윤곽을 한 번 빙그레 눈으로 훑어본다. 그러면 차츰차츰 눈에 들어오는 게 있다. 부분, 부분이 하나씩 나타난다. 부처님의 후광에서부터 자세, 머리카락 모양, 눈썹과 눈, 코와 입, 귀와 미간, 볼과 턱, 목과 가슴, 팔과 손의 모양, 옷차림새, 옷에 딸린 장신구, 옷의 매듭, 발에 이르기까지 눈에 들어오지 않는 게 없다. 이렇게 전체를 본 다음 다시 세부를 보고, 다시 둘레와의 조화를 보면 감상이 좀 더 쉽다. 전체에서 부분으로 나아가는 방법이다. 또, 반드시 그런 건 아니지만 대개 작은 불상 가운데 고개가 숙여져 있는 불상은 아래에서 올려다보고, 큰 불상은 멀리서 보면 제대로 된 부처님의 얼굴을 만날 수 있다. 아울러 석불을 만나건, 마애불을 만나건 우리 선조의 예술성을 느끼려면 땅바닥에 나뭇가지로라도 아이랑 같이 그 모습 그대로 한 번 따라 그려볼 일이다.

셋째, 문화유산을 감상할 때는 서두르지 말 일이다.

느긋해야 제대로 된 모습과 소리, 맛과 향 그리고 촉감을 느낄 수 있다. 나무면 나무, 돌이면 돌, 철이면 철을 만져보고, 눈으로 보면서 그 내면의 소리에 귀를 기울일 줄 알면 금상첨화다. 느긋할 때만이 자세히 보기를 할 수 있고, 자세히 보기를 해야 부분과 전체를 제대로 볼 수 있다. 사찰에는 탑과 불상 말고도 전각이며, 부도며, 정원이며, 얽힌 설화가 많다. 그런 대목을 하나씩 천천히 둘러봐야 제대로 사찰답사의 맛을 느낄 수 있다.

넷째, 사찰이나 궁궐로 가면 문을 여럿 만나게 되는데, 그런 문을 바라보는 법이다.

문을 볼 때도 마찬가지로 자세히 보기가 필요하다. 전체 윤곽을 보고, 세밀한 부분까지 찾아 들어가면 된다. 앞서 본 방식대로 눈여겨 살피면 될 일이다. 이쯤에서는 다른 이야기가 필요하다. 왜냐하면, 문이 뜻하는 바가 크기 때문이다. 왜 그럴까? 사찰이나 궁궐처럼 종교나 정치적 유적지에서 문이 갖는 의미는 남다른 탓이다. 즉, 문에 관한 이야기를 할 때는 반드시 의미전달이 필요하다. 이르자면 왜 사찰이나 궁궐에는 문이 여럿 있는 걸까? 문마다 어떤 의미로 세운 문인지, 문에 따라 절이나 궁궐의 영역이 바뀐다는 걸 알게 되면 사찰이나 궁궐에 있는 문의 뜻이나 아름다움이 좀 더 와 닿는다. 문을 드나듦에 따라 영역이 변하며, 그에 따라 역할도 바뀌며, 그에 따라 의미 또한 변한다. 아무튼, 문을 감상할 때는 시공간적인 특성도 고려함이 좋다. 다시 말해 사찰이건, 궁궐이건 그 문은 과거에도 사람이 드나들었고, 현재에도 드나들며, 미래에도 드나들 것이다. 그렇지만 그 문이 어디에 있는가에 따라선 의미부여가 다르게 변한다. 절이라면 중생과 부처의 세계를, 궁궐이라면 백성과 왕족의 세계를 나누는 경계다. 아울러 예나 지금이나, 절이나 궁이나 그 문은 쌍방의 소통이 가장 큰 목적이다. 소통만 제대로 이루어진다면 인류가 서로 싸우고 들볶을 일이 없다. 그러나 그 문이 육중하게 닫혀 있다면 갈등의 씨앗으로 자리매김한다. 문 감상법이 필요한 이유다.

이렇게 간단히 몇 가지 문화유산감상법만 알아도 현장에서 유용하게

써먹을 수 있으며, 문화유산은 물론 나아가 역사나 종교, 철학에 대해
서도 깊은 관심을 둘 수 있다.

2) 생태체험

생태체험 또한 역사체험처럼 자주 떠나는 체험학습이다. 생태체험은
우리가 살고 있는 지구촌문제를 아이랑 같이 고민한다는데 큰 의미가
있다. 생태체험의 핵심은 단순히 자연환경을 보전하고 지키자는데 있
지 않다. 그보다는 우주와 지구의 자연환경과 인간의 관계를 고찰하고,
사람과 자연이 더불어 살아가는 법을 익히는 것에 있다. 생태체험도 그
종류가 많으므로 여기서는 몇 가지 사례만 살펴본다.

① 지질체험

지질과 관련된 생태체험을 떠났다 치자. 장소는 변산반도의 채석강
이다. 사실 지질과 관련된 체험은 전문가의 도움 없이는 쉽지 않다. 그

러나 일단 전문가의 도움을 받으면 지질은 우주와 지구의 신비는 물론, 그 지역의 생성과정에 대해서 그 일면을 엿보게 해줌으로써 새삼 땅의 역사에 대하여 눈을 뜨게 한다.

채석강은 그 역사가 무려 7천만 년쯤 된다고 하는데, 이 일대의 지형을 자세히 살펴보면 이 지형이 어떻게 해서 생성된 것인지를 짐작할 수 있다. 어떻게 가능할까?

그 첫걸음은 채석강 현장에 대한 관찰에 있다. 이곳의 돌은 대부분 화성암과 퇴적암이고 해안지형은 파식대와 해식애다. 파식대는 파도의 영향으로 형성된 편평한 바위 지대를 말함이고, 해식애는 해안절벽을 뜻한다. 그러니 우리나라의 여느 바닷가와는 차이가 있다. 채석강은 그런 차이, 즉 해식애와 파식대 두 곳을 자세히 보는 것으로 시작한다. 해식애의 돌은 쉽게 떨어져 나간다. 박리현상이다. 사암이라 그렇다는데, 사암은 왜 그럴까? 해식애를 잘 찾아보면 단층과 습곡도 나온다. 단층과 습곡은 어떤 것이며, 그 현상의 결과는 무엇일까? 파식대의 어떤 돌은 어디선가 날아온 것처럼 박혀있다. 실제로 날아온 돌, 비석이다. 어디에서 날아온 걸까? 깎이지 않는 돌, 이암도 있고, 해안에는 돌개구멍도 있다. 도대체 이곳에서 언제, 무슨 일이 있었기에 이런 지형이 형성된 걸까?

채석강을 둘러보는 것은 인류가 나타나기 전 변산 일대의 모습을 유추하는 것과 같다. 게다가 해안이라 여러 가지 해양생물도 살고 있으니 그건 덤으로 살펴볼 일이다. 아무튼, 지질의 역사와 인류의 역사는 비교되지 않을 정도로 차이가 난다. 인류는 단지 그 거대한 지질의 역사에 비하면 그야말로 백사장의 모래 한 알과 다름없다. 생태체험을 통해 우리가 배우고, 익히고, 느껴야 할 것 중 하나가 바로 자연 앞에 겸손함이 아닐까.

② 식물체험

풀꽃이나 나무를 찾아 떠나는 생태체험이 있다. 식물생태를 찾아가는 일은 사계절 내내 다녀야 그 흐름을 제대로 읽을 수 있다. 그러므로 식물생태에서 중요한 지점은 일 년 내내 사철의 연계성을 파악하면서 관찰하는 거다. 그래서 산이나 들, 하천처럼 자연현장으로 가건, 아니면 식물원이나 온실, 농장처럼 인공현장을 가건, 한 지역을 꾸준히 이어서 가면 식물생태를 이해하는데 크게 도움이 된다.

식물의 도움 없이 인류는 한순간도 살아갈 수 없다. 공기와 햇빛, 물과 더불어 다른 생물의 생존에 필요한 산소와 탄소, 그리고 먹을거리를 제공하는 게 바로 식물이다. 그런 식물생태의 현황과 실태를 통해 인류에게 닥칠 미래를 가늠할 수도 있다. 그런 까닭에 식물생태를 공부할 때도 자세히 관찰하는 것이 전제로 따라온다. 체험현장에서 교사가 할 일은 대상으로 삼은 식물생태의 모습에 대하여 자세히 관찰하기를 유도하는 거다.

나무를 본다면 뿌리는 캐야 하므로 잘 관찰하지 못한다 하더라도 줄기와 가지, 잎과 꽃은 그렇지 않다. 줄기의 모양과 색, 냄새와 향, 만졌을 때의 느낌은 그 나무나 풀꽃의 수종에 따라 다를 수밖에 없다. 잎도 마찬가지다. 앞면과 뒷면을 같이 살펴야 하고, 생김새 또한 종류에 따라 차이가 난다. 꽃은 더 말할 나위가 없다. 실제로 야생화만 하더라도 그 종류가 얼마나 다양한가? 이처럼 처음엔 그 생김새와 모양, 색깔과 향을 관찰, 비교하지만 차츰 왜 그런 모양인지, 왜 그런 색인지, 왜 그런 냄새인지, 왜 그런 곳에서 자라는지를 고민하게 된다.

이런 과정에 아이에게 유용한 방법은 관찰할 식물에 대한 탐구활동이다. 때로는 사진을 찍을 수도 있고, 때로는 그 식물을 현장에서 자세히 그릴 수도 있다. 특히, 세밀화 그리기를 하다 보면 그동안 허투루 봤던 수피나 줄기, 가지나 잎, 꽃이나 열매를 제대로 관찰할 기회를 가진다. 그렇게 한 걸음씩 나아가는 과정에서 야생화나 수목에 대한 지식과 이해를 넓힐 수 있음은 물론이다.

무엇보다 중요한 것은 야생화나 수목의 생태를 통해 우리의 삶을 반추하는 거다. 풀꽃이건 나무건 당장 눈여겨 살피는 것은 그 뿌리에서부터 줄기, 가지를 거쳐 잎과 꽃 그리고 열매로 이어지는 것이지만 그 흐름에서 우리가 생각하는 것은 그 대상과의 관계요, 우리네 인생과의 비교다. 사람 또한 태어나 성장하고 아이를 낳고, 늙어서 죽기까지 과정이 있는 것이고, 머리에서 발끝까지 손발, 몸통으로 이루어져 있다. 그런 걸 함께 생각하는 게 생태공부의 특성이다. 그런 까닭에 식물생태를 공부할 때면 가능하면 꾸준히 한 지역을 방문하는 것이 좋다.

식물원으로 나들이할 거라면 특정식물의 사계를 조사하는 것도 괜찮고, 철 따라 피는 꽃을 대상으로 삼아도 그만이다. 다만, 꾸준히 한 곳을 찾게 되면 아이도 철에 따라 바뀌는 식물을 보면서 여러 가지 느낌을 받을 수 있다. 인공이 아닌 자연현장을 찾을 때도 마찬가지다. 넓은 현장을 다니기보다는 특정지역을 정해서 꾸준히 다니면 그 속에 자연의 사계가 모두 담겨 있음을 쉽게 느낀다. 따라서 식물생태체험에서도 많은 걸 보러 여기저기 다니기보단 한 지역을 제대로 관찰하는 게 교육효과가 높음을 알 수 있다.

만약, 특정주제를 따로 자세히 관찰하려면 그 주제에 가장 어울리는 지역을 찾아감이 마땅하다. 아울러 식물생태를 관찰할 때 조심할 일은 뱀에 물리거나 벌에게 쏘이는 것이므로 특히 주의를 기울여야 한다. 벌집이나 뱀이 나올 만한 환경에는 접근을 삼가도록 한다.

③ 동물체험

동물이나 곤충을 관찰하는 생태체험도 있다. 곤충은 주로 곤충박물관을 중심으로 해서 둘러봄이 수월하고, 물고기류는 수족관, 일반 짐승은 동물원을 이용함이 좋다. 물론, 철새탐조처럼 인위적인 공간에서 벗어나 자연공간에서 관찰할 수도 있다.

식물생태와 마찬가지로 동물생태도 아이가 관심을 두게 하려면 될 수 있는 한 꾸준히 같은 현장을 여러 번 찾아가 몇몇 동물을 집중해서 살펴봄이 좋다. 대다수 동물은 사람의 손길이 닿지 않는 자연환경을 선호한다. 그런 동물은 아무래도 관찰이 어렵다. 반면, 사람과 함께 살아가거나 사람과 친숙한 동물이라면 관찰이 보다 용이하다. 동물을 관찰할 때엔 최대한 소리를 내지 말고, 발소리도 죽여가면서 차분히 그리고 조용히 살펴보는 자세가 필요하다.

곤충의 경우엔 집이나 교실에서 같이 길러봄으로써 그 생태를 자세히 알아볼 수 있다. 대개 아이는 맨 처음 곤충에 관심을 보일 땐 그 생김새를 보고 두려움과 거부감이 생겨 더러 곤충의 목숨을 쉽게 앗아가기도 하지만 시간이 흐를수록 차츰 곤충을 보살피는 쪽으로 나아가게 된다. 그러나 곤충체험을 하더라도 곤충을 오직 관심의 대상, 흥밋거리로만 제한하면 아이는 언제까지고 곤충이나 벌레를 보면 곧잘 생명을 빼앗게 된다. 그러므로 곤충의 삶과 인간의 삶을 서로 비교하면서 사람처럼 곤충이나 벌레 또한 소중한 한 생명임을 깨닫도록 이끌 필요가 있다. 더듬이에서 머리, 몸통과 다리에 이르기까지 자세히 관찰하는 아이는 곤충의 생태를 통해 끝없는 물음을 던지기 마련이고, 그 물음에 대한 답을 찾기 위해 도서관이나 인터넷에서 찾아보는 자료 또한 엄청나다. 그러니 자세히 관찰하는 것만으로도 아이는 한없이 성장하게 됨을 새삼 확인할 수 있다.

야생동물은 아무래도 관찰이 쉽지 않다. 왜냐하면, 곤충처럼 가까이서 살펴볼 기회가 적기 때문이다. 바람직한 방법은 동물원과 협의를 거쳐 주제에 어울리는 동물에 대하여 자세히 관찰할 수 있는 시간을 지속해서 가지는 게 좋으며, 필요하다면 사육사의 도움을 받아 해당 동물에 대하여 더 알아보는 시간을 가질 수도 있다. 그렇게 동물의 습성을 파악함으로써 동물로부터 직접 피해를 보는 사례를 줄일 수도 있고, 그러한 동물을 보호하는데도 크게 이바지하게 된다.

외국의 동물원에 가보면 뱀을 어깨에 두른 채 아이에게 뱀을 만지게 하거나 아이의 팔에 감을 수 있도록 도움을 주는 자원봉사자를 만날 수 있다. 보기에도 징그러운 뱀을 어릴 적부터 만지도록 함으로써 뱀에 대한 막연한 두려움에서 벗어나도록 이끄는 것이다. 벌레만 봐도 비명을 지르며 어쩔 줄 몰라 하는 아이도 있고, 벌레를 유심히 관찰하면서 그 벌레가 갈 길을 열어주는 아이도 있고, 벌레가 있건 말건 무관심한 아이도 있다. 이는 교사가 동물체험을 통해 어느 쪽으로 이끄는 게 좋을지 생각해보는 계기가 된다.

이 세상 모든 동식물은 우리 인류랑 더불어 지구촌에서 살아가는 반려 동식물이라는 생각을 하도록 하자. 그러기 위해선 반려 동식물과 자주 만나고, 자주 만지고, 자주 살피는 시간을 가질 필요가 있다. 그렇게 하면 산행을 하다가 멧돼지를 만나더라도 피하는 요령을 터득할 수 있고, 하천에서 물고기의 씨를 말리는 수렵행위는 당연히 하지 않을 터다.
아울러 동물원이나 수족관, 식물원처럼 생태공간을 둘러볼 때는 반드시 전체 안내도를 살펴본 다음 주제에 따라 둘러볼 동선을 짜는 게 필요하다. 그러면 관찰하고자 하는 동식물을 중심으로 손쉽게 접근할 수 있다. 동·식물원에서 운영하는 프로그램에 참가하는 것도 동식물과 친해지는 한 방법이다.

④ 탐조체험
새를 관찰하는 탐조체험은 새를 통해 자연을 살피고, 다시 그 자연에서 인간의 삶을 관조하는 게 주요 목적이다. 탐조체험은 야생의 새를 탐조하는 경우와 새장에 갇힌 새를 관찰하는 경우로 나눌 수 있다. 대개는 야생의 새를 탐조하는 경우를 말하는데, 철새를 탐조할 건지, 텃

새를 탐조할 건지에 따라 탐조장소를 선택하고, 그에 맞춰 사전학습을 하면서 탐조준비물과 복장을 충분히 갖춘 다음에 떠나는 것이 좋다.

탐조체험은 아이가 하기에는 쉽지 않은 체험활동임엔 틀림없다. 오랜 시간을 꾹 참고 기다리면서 관찰해야 하는 탓이다. 그러나 우리가 찾아가는 자연에는 어디서나 새가 있으며, 그 새의 소리나 색깔, 생김새에 관심을 기울이는 활동을 하다 보면 이내 새와 친하게 지낼 수 있다. 아이가 일단 흥미가 생기면 지루함이나 인내심을 걱정하지 않아도 된다.

그러므로 처음에는 새의 관찰이 용이한 지역에서 전문가의 손길을 빌려 탐조활동에 나선다면 아이와 새들의 만남에 별다른 어려움이 없을 터다. 왜냐하면, 전문가는 새를 관찰하는 법, 새를 찾는 법, 새의 특징과 습성, 새를 찾을 때 주의할 점에 대하여 잘 알고 있으므로 쉽게 새와 친해지도록 이끌기 때문이다. 무엇보다 야생에서 새소리를 듣고, 새의 모습을 사진기에 담을 수 있다면 더할 나위가 없는 기쁨이다. 이렇게 탐조활동을 할 때 자료집에다 새와 관련된 문구나 노래를 곁들이면 좋다. 그러면 인간의 삶에 왜 새가 가까이 자리하는지를 쉬이 알 수 있다.

탐조활동을 떠날 때도 몇 가지 주의가 필요하다. 먼저 새의 눈에 띄지 않는 옷을 입어야 새가 경계하지 않는다. 가방도 마찬가지다. 화려한 색이나 흰색, 빨간색처럼 눈에 확 드러나는 색은 피하도록 하자. 탐조망원경과 작은 쌍안경, 조류도감은 당연히 챙겨야 할 것이다. 새의 모든 걸 알고 싶다면 디지털캠코더나 녹음기도 필요할 것이고, 더운 여름이라면 모기와 벌레, 뱀과 벌을 조심해야 하고, 추운 겨울엔 추위를 견

딜 수 있도록 준비해야 한다.

⑤ 습지체험

습지체험은 갯벌체험과 늪 체험으로 다시 나눌 수 있다.

갯벌체험은 우리나라의 서남해안에 발달한 갯벌에서 생태체험을 하는 것이다. 가장 중요한 것은 물때를 맞추는 것이다. 갯벌체험은 물때를 잘 맞춰야 가능하므로 미리 확인한 다음 일정을 추진함이 좋다.

갯벌체험은 대체로 갯벌에 관한 이야기를 들은 뒤 갯벌로 들어가 조개류를 채취하거나, 낙지와 망둥이를 잡는 체험이 주를 이룬다. 또는, 갯벌에서 나오는 부산물인 조개껍데기로 공예품을 만드는 체험활동이 대부분이다. 생태계 유지를 위해 무분별한 채취나 보호종을 잡는 행위를 삼가도록 한다.

갯벌체험을 할 때는 특히 안전에 유의해야 한다. 위험한 지역은 반드시 피하도록 하자. 간혹, 어린이가 빠지면 헤어 나오지 못할 무시무시한 펄도 있다. 맨발이나 슬리퍼를 신고 들어가면 조개껍데기 따위에 발을 베일 수가 있으니 조심해야 한다. 또, 맨손으로 조개류를 채취하다가 상처를 입을 수 있으니 그것 역시 조심하자. 특히, 갯벌에는 병 조각을 비롯해 온갖 쓰레기도 함께 묻혀 있을 수 있으므로 사전답사를 통하여 충분히 안전지역을 확보함이 좋다. 여름에 갯벌체험을 할 거라면 뜨거운 햇살을 피할 수 있는 모자, 더위를 피할 수 있는 공간 마련도 중요하다. 가능하면 1시간 이내의 활동을 해야 일사병처럼 힘든 상황을 피할 수 있다.

늪 체험은 우포늪처럼 늪지를 찾아가거나 영산강변처럼 강변에 형성된 습지를 찾아 떠나는 생태체험이다. 철새는 물론, 식물생태를 알아보기에 괜찮은 체험인데, 철새를 찾아갈 거라면 철새가 도래하는 시기를 잘 맞춰 떠나야 하며, 나머지 체험을 위해서라면 꾸준히 방문하는 게 좋다.

늪을 체험할 때도 또한 지켜야 할 게 있다. 늪지에서도 안전이 우선이다. 함부로 늪으로 들어가는 걸 피하고, 늪에 서식하는 뱀이나 야생동물, 벌을 조심하자. 또, 발이 진흙에 빠져 헤어나지 못하거나, 실수로 물에 빠져 생명이 위태로울 수도 있다. 자연생태보존 또한 필요하다. 우리나라에서 늪은 갈수록 줄어들고 있으므로 더더욱 늪의 보존에 대한 경각심을 일깨워주도록 하자.

⑥ 동굴체험

동굴체험은 지질의 역사와 더불어 동굴 내 생성물에 대한 세상을 보여준다. 석순과 석주, 종유석과 석화처럼 동굴에서만 볼 수 있는 지질이 있는가 하면 박쥐와 작은 벌레처럼 동굴 안에서만 서식하는 생물을 관찰할 수 있다.

그러나 우리나라에서 갈 수 있는 동굴은 안타깝지만 대부분 죽은 동굴이다. 동굴은 여전히 성장하고 있지만 무분별한 개발로 동굴 안 생태는 무너진 지 오래다. 우리나라 동굴에서 박쥐를 보기란 그야말로 하늘의 별 따기다. 그래서 동굴생태체험은 지질체험을 제외하곤 할 수 있는 게 별로 없다.

동굴생태를 살리려면 다른 나라에서 하듯 탐방객 수를 제한하고, 탐방시간을 제한하고, 탐방시각 외는 동굴 내 조명을 꺼두는 게 필요하다. 그렇게 할 때 동굴생태는 조금씩 복원될 수 있다.

어쨌거나 동굴을 둘러볼 때는 머리를 부딪치는 안전사고에 유의하고, 여름이라도 긴 소매 옷을 준비하는 게 좋다. 그리고 안전 복장을 갖추도록 해 안전에 유념할 일이다.

3) 과학체험

전통과학체험　　　　　　현대과학체험

과학체험은 천문대나 과학박물관, 신재생에너지전시관이나 대학의 공대에서 실행하는 각종 프로그램에 참여하는 체험, 생활안전에 관한 체험유형이 대부분이다. 과학체험은 이론보다는 실습이 더더욱 중요한 체험이다. 그러므로 이론을 사전교육이나 숙제를 통해 어느 정도 해결할 수 있다면 현장에서 더욱 알차게 실험실습에 집중할 수 있도록 함이 좋다. 사전학습과 사전준비를 철저히 하고, 전문가를 체험에 동참시킬 때 그 효과는 배가된다.

① 별자리체험

철에 따라 바뀌는 별자리체험은 천문대로 가면 된다. 밤하늘의 별을 많이 볼 수 없는 요즘에는 천문대의 천체 투영실에서 보여주는 영상물로라도 별과 별자리를 만날 수 있다.

별자리체험에서 중요한 것은 바로 우주와 별의 탄생과 소멸이다. 우주와 별이 어떻게 태어나서 어떻게 사라지는지를 알아보는 것은 우리의 삶을 보다 윤택하게 해주는 지름길이다. 왜냐하면, 그 무한한 우주에서 우리가 사는 우리 은하, 우리 은하 안에서도 태양계, 태양계 안에서도 지구, 지구 안에서도 대한민국, 대한민국 안에서도 천문대를 생각해야 하므로 저절로 우리의 눈을 넓고, 크게 키워주기 때문이다.

안타까운 일이 있다면 우주와 별이 우리의 삶을 풍요롭게 해줌에도, 인류가 우주나 별에 대하여 아는 지식이 별로 없다는 거다. 지금까지 밝혀진 바로는 수천억 개의 별이 이 우주에 있다는 것이고, 별은 글로 뷸[10] 이 모이고 모여 생겨난다는 것만 알 뿐이다.

아무튼, 천문대에서 별자리를 살피고, 고대인들이 만든 별자리 이야기를 알아보는 것은 아이에게 꿈과 희망을 주는 일이다. 별자리에 대하

---

10) 우주 공간 내에 존재하는 각종 가스가 모여 성운에 작은 공처럼 생긴 암흑 덩어리가 생긴다. 이 덩어리를 글로뷸이라 하고, 이 글로뷸이 별을 만드는 최초의 시작이라고 추측한다.

여 전문적인 설명도 들을 수 있고, 천문과 관련된 여러 가지 자료도 둘러볼 수 있고, 천체망원경으로 별을 살펴볼 수도 있고, 태양이나 달도 관측할 수 있고, 그렇게 함으로써 우주와 별에 대하여 무한한 상상력과 가능성을 엿보도록 하기 때문이다. 천문대를 벗어나서 실제로 밤하늘을 보면서 별자리를 하나라도 찾아본다면 별에 대한 관심을 더 쉽게 가질 것이다.

한편, 천문대 프로그램에 따라선 천체망원경을 다루는 법이며, 중력체험처럼 우주체험도 곁들일 수 있으므로 별자리체험을 할 때는 여러 가지를 고려해서 하면 알차게 진행된다.

② 과학박물관 체험

과학박물관에선 여러 종류의 과학체험을 할 수 있어 좋다. 아이의 취향에 다라 제각각 하고 싶은 체험에 집중할 수 있다. 과학박물관이나 어린이회관에는 거의 예외 없이 과학과 관련된 체험현장이 마련돼 있다.

과학박물관의 핵심은 별자리체험과 마찬가지로 역시 우주와 지구의 탄생으로부터 시작하며, 한 걸음 더 나아가 시간과 공간, 빛과 열, 색과 공기, 원자와 분자, 물질과 운동, 에너지와 힘으로 접근한다. 이런 내용은 특히 중요한데, 우리 인류의 탄생과 무관하지 않기 때문이다. 무신론자이건 유신론자이건, 창조주를 믿건 안 믿건 분명한 것은 과학박물관에서 내보인 그런 대목이 인간의 존재를 뒷받침하는 소중한 지식이란 게 오늘날 과학의 결론이다.

과학박물관으로 체험하러 갈 때는 철저히 열린 자세와 태도로 다가서야 좀 더 진지한 체험을 할 수 있다. 시간과 공간이 갖는 의미, 빛과 열 그리고 공기와 색의 역할, 원자와 분자 그리고 물질과 운동의 영향, 에너지와 힘의 활용처럼 우리가 관심을 두고 둘러볼 주제가 수두룩하다. 그런 주제에 접근하면 할수록 과학의 힘으로 삶의 철학과 삶의 지혜를 배울 수 있다.

그렇다고 해서 과학관에 우주 천체학과 물리학만 있는 게 아니다. 수학이며, 생물학이며, 지구과학이며, 기초과학이며, 첨단과학을 다 선보이고 있으므로 과학박물관에서는 온갖 과학체험을 다 할 수 있다. 특히, 요즘에는 로봇체험을 많이 하는데, 실제로 산업현장에서 쓰이는 로봇에 대하여 알아볼 수도 있고, 차츰 실용화로 나아가는 인공로봇에도 관심을 둘 수 있다. 또한, 로켓의 원리를 공부하면서 자동차와 선박, 항공기와 우주선에 이르는 교통산업도 체험할 수 있으며, 나노와 유전과학처럼 최첨단 생명과학도 살펴볼 수 있다.

과학체험을 할 때는 감전이나 폭발처럼 안전사고가 발생하지 않도록 전문가의 협조를 받는 게 좋다. 전기나 화학물질을 다룰 때는 특히 안전에 만전을 기해야 한다.

③ 안전체험

안전과 관련된 체험도 있다. 이는 자연재해나 생활 속의 안전을 과학으로 풀이한 체험이다. 이런 체험을 하면 인간이 살아가면서 겪을 수 있는 각종 재해에 대비하고, 평소 안전을 생활화하는데 보탬이 된다.

자연재해를 체험하는 공간에는 대개 태풍, 지진, 화산, 혹한, 기상이변 같은 재해에 대한 이해를 높이는 체험이 많다. 풍수해가 왜 발생하는지, 지진과 화산활동은 어떻게 생겨나는지, 이상기후는 어떻게 진행되는지를 안다면 그만큼 더 우리는 각종 자연재해로부터 피해를 줄이거나 피해를 사전에 예방할 수 있는 법을 배울 수 있다.

생활 속의 재난에 대한 체험도 있는데, 화재와 붕괴, 연기와 공해, 각종 안전사고, 소화기사용법 숙지와 응급처치가 그런 체험이다. 소화기사용법과 응급처치는 따로 소방서에 요청하면 출장교육이 가능하다. 특히, 이런 안전체험관을 이용할 때는 가능하면 몸에 지니고 있는 물건이 없는 게 좋다. 지진체험이나 풍수해체험은 흔들림과 바람이 심하므로 혹시라도 그런 물건에 부딪혀 다치는 사고가 생길 수 있는 탓이다. 또한, 치마나 질질 끌리는 옷은 체험 중 사고를 유발하기 쉬우므로 옷차림도 움직이기 편한 옷차림이 좋다.

4) 문화예술체험

문화와 예술을 체험하는 행사는 이제 보편화된 터라 누구든지 마음만 먹으면 언제, 어디서나 쉽게 필요한 체험을 할 수 있다. 문제는 그런 체험공간이 너무 많아서 그 내용과 질, 형식과 가격이 천차만별이라는 것이다. 따라서 문화예술체험을 하기 전 충분히 그 체험을 책임진 주체와 정보를 주고받아야 하며 사전답사는 반드시 하는 것이 좋다. 또한, 그 체험을 경험한 사람의 경험담과 자료도 적극 참고하며, 언론이나 관련 단체의 평가에도 귀를 기울인다면 체험현장으로 찾아갔다가 눈살을

찌푸리는 일은 생기지 않을 것이다.

① 축제체험

우리나라 방방곡곡에서는 달마다 빠짐없이 축제가 열린다. 워낙 축제가 많다 보니 횟수로 따지면 날이면 날마다 한바탕 큰 잔치가 열리는 셈이다. 중앙과 지방을 가리지 않고 축제를 진행하다 보니 그 내용과 형식에 물의를 일으키는 축제 또한 적지 않다. 그러므로 축제장으로 체험활동을 떠날 때도 축제를 주최하는 쪽에서 안내하는 자료나 정보를 유심히 봄과 동시에 그 축제에 참여한 참가자의 반응, 언론의 태도에도 관심을 기울임이 좋다. 특히, 일부 축제는 왜 여는 것인지 그 목적이나 행사내용이 불분명할 수도 있으므로 더더욱 관심을 기울여야 한다. 간혹, 축제의 내용이 부실하거나, 먹고 마시는 분위기로 치닫는 축제도 있는 탓이다.

축제장처럼 혼잡한 곳으로 떠날 때는 현장에서 전체 활동이나 개인 활동보다는 모둠 활동으로 움직이는 게 더 효율적일 때가 많다. 모둠마다 필요한 활동과제를 제시해 수행하도록 유도하고, 교사는 중요지점마다 길목에 서서 아이의 활동에 도움을 주도록 하자.

안동으로 국제탈춤축제를 체험하러 떠난다면 대륙별 혹은 나라별로 탈과 춤은 어떤 것이 있는지를 파악하도록 활동방향을 구성해본다. 그러면 나라별로 탈에 대하여 알아볼 수 있고, 춤이나 음악이 있다면 어떤 것인지를 직접 체험해보면 좋을 것이다. 당연히 교사는 체험현장에서 그런 흐름을 가져갈 수 있는지 축제를 여는 주최자에게 연락하여 꼼꼼히 살펴야 한다.

체험학습에 참여한 아이들 전체가 동시에 진행하여야 할 체험은 맨 처음 혹은 맨 마지막에 하도록 해야 한다. 그래야 체험현장에서 모둠활동을 하거나 전체일정을 진행하는 것에 무리가 없다. 축제장에서 여는 단체체험일수록 부실하거나 무성의한 경우가 많으므로 단체로 체험할 때는 미리 충분히 그에 대해 대비를 하는 것이 좋다. 또한, 축제의 규모가 클수록 해당 축제의 모든 곳을 다 둘러보겠다는 생각은 버리고, 가능하면 특정한 활동에 초점을 맞춰 진행하는 것이 바람직하다.

경주 신라 엑스포현장으로 가겠다면 학급별 혹은 모둠별로 한 가지 체험어만 집중하도록 진행해도 괜찮다. 이르자면 한쪽은 신라공예체험, 한쪽은 신라과학체험, 한쪽은 신라역사체험처럼 모둠마다 한 가지를 체험하도록 하면 적어도 그것만큼은 알뜰살뜰하게 체험을 마칠 수 있다. 체험 후 남는 시간은 물론 엑스포현장을 더 둘러볼 일이다.

복잡하고 붐비는 축제장일수록 무엇보다도 안전이 우선이다. 학년이 낮은 아이라면 교사가 직접 이끌고 다니는 게 좋을 터이고, 청소년이라면 충분히 주의를 시켜야 한다. 시설안전사고에 특히 유의하며, 낮은 학년은 길을 잃고 헤매는 아이가 없도록 마음을 써야 한다.

② 민속마을체험

민속마을로 체험활동을 떠날 때도 축제장과 마찬가지로 학급별, 모둠별로 공동과제를 수행하도록 유도하면 좋다. 민속마을은 자칫하다간 재미없이 한 바퀴 빙 둘러보는 것으로 끝날 수 있다. 어른은 마을풍경만 보더라도 지나간 추억을 떠올릴 수 있고, 과거를 회상하는 것만으로도 충분히 체험의 의미가 있을 수 있지만, 자라나는 아이는 그렇지 않다. 민속마을은 자기들이 겪어본 세상도 아니고, 별다른 흥미도 없는 옛 마을을 둘러보는데 지나지 않기 때문이다.

민속마을은 크게 두 가지로 나눌 수 있다. 사람이 사는 마을과 그렇지 않은 마을이다.

사람이 살지 않는 민속마을은 주로 우리 고유의 민속을 관람객에게 보여줄 요량으로 만든 마을이다. 용인의 한국민속촌, 서울의 남산한옥마을이 대표적이다. 그런 곳을 둘러볼 때는 체험주제에 맞추어 체험활동을 함이 좋다. 특별히 여러 가지 공예활동을 준비해 두었으므로 그런 공예활동을 체험하는데 시간을 할애하는 것도 나쁘지 않다. 무엇보다 민속촌은 교과서에 나오는 민속에 대해서 거의 다 갖추고 있을 정도로 다양한 민속주제가 있으므로 자칫 방만해지기 쉽다. 그럴 때는 특정한 체험에 집중하도록 하면 수월하다.

이와 달리 사람이 실제로 사는 민속마을도 있다. 안동 하회마을, 순천의 낙양읍성, 아산 외암마을이 좋은 보기다. 이렇게 사람이 사는 경우엔 그곳에서 숙박체험을 할 수 있다는 장점이 있으나 단체로 진행하기에는 무리가 따른다. 요즘은 민속마을에서도 여러 가지 체험을 할 수 있으므로 적절히 활용할 일이다.

이름난 민속마을은 아니지만, 전통이 있는 마을, 혹은 특정한 농어산

촌마을로 찾아가 체험활동을 할 수도 있다. 그럴 때는 미리 찾아가려는 마을과 협의를 하여 그 마을에 얽힌 옛이야기나 유래, 마을의 특산품에 대하여 구수하게 이야기를 들려줄 어르신을 섭외한다거나, 특별한 맛이나 재능을 보유한 가정을 방문하여 그 체험을 하는 것도 한 방법이다.

민속마을로 갈 때도 몇 가지 지켜야 할 게 있다. 사람이 사는 민속마을로 갈 때나 전통마을로 갈 때는 함부로 남의 집에 들어서거나, 집의 시설들을 훼손하거나, 시끄럽게 떠들며 장난치는 것은 해당마을과 그곳에 사는 가정에 시도, 때도 없이 피해를 주는 행위이므로 특히 삼갈 일이다.

③ 예술체험

예술체험이라 하면 그리기, 쓰기, 만들기, 춤, 악기, 연기, 노래 등을 들 수 있다. 전통예술을 체험할 수도 있고, 현대예술을 체험할 수도 있다. 대개 예술체험은 꾸준히 할 때 그 효과가 높다.

그러나 학교나 학원처럼 단체로 체험할 때는 대부분 그 예술에 대한 기본체험을 하기 위함이 많다. 그래서 많은 것을 체험하기보단 해당 예술에 대한 이해를 높일 수 있는 한두 가지를 택하여 체험하는 것이 바람직하다. 또는, 해당 예술로 입문할 때 겪는 기초 부분을 체험하는 것이 낫다. 대부분 이런 예술은 전통과 현대, 동양과 서양으로 나뉘기 일쑤다. 그런 사정을 알고서 형편과 조건에 맞춰 체험하면 된다.

요즘 애들이 좋아하는 춤과 노래, 연기 체험도 마찬가지다. 선택된 것을 골라 하나에 집중하면 애들의 사고와 경험을 넓히는데 크게 보탬이 된다. 노래 한 구절, 춤 한 사위, 대사 한 마디, 연기 한 동작, 광고의 한 문구에도 얼마나 많은 피땀이 스며드는가를 배울 좋은 기회다.

그러므로 예술체험을 갈 때는 체험목적과 애들의 상황을 체험현장의 전문단체에 충분히 설명한 뒤 전문가의 도움을 받으면 된다.

예술체험을 하러 갈 때 가장 마음을 써야 할 부분은 단체로 체험활동을 할 수 있는가 하는 문제다. 그런 고민만 해결된다면 문화예술체험은 더없이 신나는 체험학습이 될 수 있다.

5) 생업체험

시골생업체험　　　　　　도시생업체험

생업체험은 크게 두 가지로 나뉜다. 하나는 시골의 생업체험이고, 하나는 도시의 생업체험이다. 어느 체험이건 생업체험을 하는 목적은 아이에게 생업의 현장을 찾아가 그 삶을 조금이라도 겪어보게 함으로써 생업에 종사하는 사람들에 대한 존경심을 기르고, 그 업에 대한 이해를 넓히고, 향후 직업에 대한 고민을 스스로 할 수 있도록 돕기 위함이다.

이때 중요한 것은 생업에 대한 차별적 인식을 경계하는 거다. 육체노동에 대한 정신노동의 우위, 현장노동에 대한 사무노동의 우위, 저임금노동에 대한 고임금노동의 우위, 어렵고 힘든 직업에 대한 쉽고 편한 직업의 우위, 시골노동에 대한 도시노동의 우위, 여성노동에 대한 남성노동의 우위, 저학력노동에 대한 고학력노동의 우위와 같은 인식과 자세를 가지면 생업현장의 참뜻을 살릴 수 없다. 그러므로 생업체험에서는 그 업무의 필요성과 소중함, 그로 인한 삶의 가치창조를 논할 수 있도록 이끌어 감이 바람직하다.

또한, 우리나라는 고도성장을 할 때 저임금, 저곡가 정책으로 경제와 산업이 발전을 거듭한 만큼 시골이나 공장, 중소기업에서 일하는 생업에 대해서는 특별히 경의를 표하는 것이 옳다. 그리하여 직업에 따른 귀천이 없음을, 처지와 형편에 맞추어 얼마든지 직업을 선택할 수 있음을 몸으로 느끼도록 유도한다.

① 시골 생업체험

시골의 생업체험은 다시 농촌체험, 어촌체험, 산촌체험으로 나뉜다. 사실, 시골의 생업체험을 하고 난 다음 아이가 시골의 체험에 대하여 만족과 기쁨을 느낄 수 있을까? 아주 짧은 시간만 체험하는 경우를 빼면 대부분 고개를 가로저을 것이다. 왜 그런가? 시골체험은 대부분 육체적 노동을 배경으로 하는 경우가 많으므로 그만큼 신체가 겪는 어려움과 고통이 심하기 때문이다. 수확하는 농민의 기쁨, 만선으로 돌아오는 어부의 즐거움을 느끼기보다 체력적으로 고된 노동이 주는 고통이 더 심각하다. 그래서 시골체험은 대개 간단한 농촌체험, 어촌체험을 한 다음에는 대부분 민속체험이나 그 동네의 자연환경을 이용하여 즐거운 한때를 갖는 체험으로 진행함이 일반적이다.

농촌체험은 논농사체험, 밭농사체험, 과수원체험, 비닐하우스체험처럼 농작물을 생산하는 체험을 하는 것이 대표적이며, 수확된 농산물을 활용하여 가공하거나, 가공된 생산품을 즐기는 체험이 있다. 농산물을 맛보는 체험도 물론 있다.

어촌체험은 고기잡이배체험, 낚시체험, 갯벌체험, 그물손질이나 낚싯줄손질체험, 갯벌청소체험 같은 게 있다. 직접 잡은 어류나 패류를 갖고 요리를 해서 맛보기도 한다.

산촌체험은 주로 고랭지농업체험, 약초채취체험, 버섯체험, 목장체험이 주를 이룬다. 소가 끄는 수레를 타거나, 경운기에 올라타는 체험이 많다. 산채를 이용한 식사도 가능하다.

오늘날에는 단순히 생산체험을 하는 시골체험보다는 그 지역의 특산물 혹은 특성을 고려한 체험활동에 집중하는 편이다. 그 결과 몇몇 체험활동은 큰 인기를 끌고 있다.

시골체험을 떠날 때는 어린 학생임을 고려하여 실제로 생산 활동에 참가하는 노동체험시간은 짧게 하고, 생산가공이나 생산결과물을 활용한 체험 혹은 그 지역의 특성을 살린 체험활동을 좀 더 오래 하는 것이 좋다. 보기로 충남 홍성군처럼 어업과 농업, 축산업이 병행되는 지역이라면 갯벌체험, 농장체험, 목장체험을 두루 섞는 게 나을 수도 있는데, 드 가지 정도면 무난하다. 또는, 시골체험을 한 가지 하고, 그 지역의 역사유적지나 다른 체험현장을 들리는 것도 괜찮다.

시골체험은 시골농가의 경제활동에 직접 도움을 줄 뿐 아니라 도시 아이에게 새로운 삶을 경험케 하므로 더더욱 의미가 있다.

② 도시 생업체험

도시의 생업체험은 공공기관견학, 기업견학, 일일직업체험 같은 체험활동이 있다.

공공기관체험은 청와대, 국회, 지방자치단체, 지방의회, 법원, 검찰청, 경찰청, 소방서, 병원, 보건소, 우체국, 도서관, 상하수도처리장, 댐, 직업훈련원 견학 등이 있다. 대부분 시설을 돌면서 어떤 일을 하는 곳인지 구경하게 되며, 곳에 따라선 일일체험을 할 수도 있다.

기업체험은 공단을 방문하여 공장을 견학하거나, 특정기업의 유통판매현장을 살펴보면서 겪는 체험이 있다. 대부분 기업의 이미지나 기업의 상품을 홍보하는 수단으로 활용되기도 한다.

일일직업체험은 앞서 언급한 관공서 혹은 기업에서의 일일도우미 활동이나 특정한 직종을 몸소 체험해보는 것이다. 자재를 나른다거나 상·하차작업을 해보는 건설현장체험, 간단히 용접하거나 기계를 다루는 공장체험, 컴퓨터프로그램업체에서 게임을 시연하는 체험, 판매현장에서 홍보사원으로 활동하는 체험처럼 각종 직종에 따라 다양하게 체험할 수 있다. 그러나 대부분의 공공기관이나 기업체, 공단은 허용된 체험활동에 제한이 많으며 아이가 하기에는 무리가 따르는 체험이 많은 관계로 대개는 견학에 머무르는 게 현실이다.

도시 생업체험을 떠날 때는 무엇보다 공공기관, 기업, 공단에 대한 이해의 균형을 잡아줄 필요가 있다. 왜냐하면, 대부분 자기들이 하는 업무나 생산된 제품에 대한 우수함을 홍보할 때가 많기 때문이다. 그러므로 아이들이 현장에서 균형 잡힌 시각을 가질 수 있도록 도와줄 필요가 생기며, 체험 후에는 따로 체험활동을 정리하는 시간을 갖도록 한다.

아무튼, 생업체험현장으로 체험학습을 떠날 때는 그 생업에 대한 이해를 확실히 하고 떠나야 현장에서의 체험이 의미를 제대로 가질 수 있다. 그렇지 않으면 애써 마련한 생업체험현장이 고된 곳, 힘든 곳, 가지 말아야 할 곳으로 인식되거나, 그런 직업은 어렵고 힘든 일이라 피해야 할 직업으로 비치므로 각별히 관심을 기울임이 좋다. 경우에 따라선 아이의 앞날에 큰 영향을 미치므로 신중히 판단하도록 한다. 아울러 생업현장에는 언제나 안전사고의 위험이 도사리고 있으므로 특별히 주의할 필요가 있다.

6) 여행 여가체험

소득수준이 높아지면서 여행이나 여가체험을 떠나는 체험학습도 꽤 늘었다. 이런 체험현장은 아이에게 더욱 넓고 깊은 세계를 보여줌으로써 안목을 기르는데 큰 보탬이 된다. 여기서는 관광체험과 자유여행체험, 캠핑체험과 해외여행체험, 여가체험으로 나누어 살펴본다.

① 관광체험

전통적인 여행체험으로 관광체험이 있다. 흔히, 학교의 수학여행이나 단체여행이 여기에 속한다. 보통 여행사에다 여행일정 및 여행 전반에 걸친 기획과 행사진행을 맡기고 교사와 학생은 관광을 즐기는 형태다.

이때 중요한 것은 여행목적을 정확히 정하는 거다. 그런 다음 교사는 여행일수와 경비, 이동시간과 경로, 현지 관광지에서의 관광내용과 숙박시설, 식당과 편의시설의 상태, 안전상황, 위급한 때를 대비한 대처를 중심으로 기본뼈대를 세워서 여행사와 상의함이 좋다. 또한, 그런 항목을 평가할 수 있는 표를 만들어 준비하면 해당 관광여행의 장단점을 쉽게 파악할 수 있어 여행의 진행에 크게 도움을 받을 수 있다.

대개 여행의 기획은 전문능력을 보유한 여행사가 대행하므로 숙박과 교통, 관광일정과 식사에 이르는 모든 업무를 여행사가 처리해준다. 그래서 편리한 측면이 있지만 찍고 도는 관광일정, 경비가 저렴한 대신 시설이나 서비스가 좋지 않은 측면, 안전상의 문제 또한 존재하므로 여행사와 상의를 하여 적절한 선에서 서비스의 질과 안전을 확보함이 좋다.

② **자유여행체험**

관광여행과 달리 최근에는 학생 수가 적은 학교나 학급에서 배낭여행처럼 자유여행을 떠나는 곳도 많다. 이런 여행은 인원이 적으므로 더욱 알찬 여행체험을 할 수 있다는 게 장점이나, 그 대신 인원이 적어서 경비가 비싸진다는 단점이 있다. 그럼에도 자유여행은 여행일정의 준비에서부터 추진, 현지에서의 여행과 여행 이후의 활동에 이르기까지 아이 스스로 진행한다는 점에서 훌륭한 여행체험이다.

실례로 서울처럼 대도시자유여행을 한다면 아이는 스스로 지하철이나 버스를 타고 내리며 목적지를 향해 찾아간다. 그런 과정에서 어려움도 생기고, 위기도 닥치며, 스스로의 힘으로 그런 난관을 헤쳐나가는 법을 배우고, 익히게 된다.

이런 여행을 할 때는 철저히 고기를 잡는 법을 일깨워줌이 좋다. 길 찾는 법, 길 묻는 법, 지도 보는 법, 동서남북 찾는 법, 길 잃었을 때의 대처법, 유괴나 안전사고처럼 안전에 대비하는 법을 알려주고, 어디로 향해야 바르게 목적지로 찾아갈 수 있는지, 지금 가는 길이 올바른지 확인하는 법 등을 교육한다. 그러면 실제로 현장에서 아이는 길 찾기 체험을 통하여 얻게 되는 안목이 놀라울 정도로 증대한다.

스스로 목적지를 찾아가면서 마주치는 어려움은 우리가 인생을 살면서 겪게 되는 어려움과 마찬가지며, 길을 찾았을 때의 기쁨은 인생을 살면서 어떤 목적을 달성했을 때 갖는 기쁨과 마찬가지다. 또한, 스스로 목적지를 찾아가는 과정에서 보고, 듣고, 배우는 여러 체험을 통해 상호관계를 배우고, 관계를 맺는 법을 익히게 된다.

그러므로 학교나 학원에서는 여건이 허용된다면 배낭여행처럼 자유여행을 체험하는 것도 괜찮은 체험학습의 하나다. 단, 자유여행체험을 하려면 교사가 여행에 대하여 충분한 사전지식을 갖추어야 한다는 점이 전제되어야 하는 게 단점이다. 다시 말해 여행전문가의 참여나 도움이 따르지 않는다면 여행을 떠난 현지에서 안전의 우려가 있다거나, 일정을 제대로 채우지 못하는 문제처럼 시행착오가 생길 수도 있다.

③ 걷기체험

걷기체험도 또 다른 여행체험이다. 이는 기존의 국토순례처럼 걷기만 하는 일정, 심지어 차들이 쌩쌩 달리는 아스팔트 길을 걷는 길과는 다르다. 오히려 우리 강산의 아름다움을 느낄 수 있도록 걷는 지역을 몇 개의 구간으로 잘게 쪼개 누구나 쉽게 접근하여 풍경을 보면서 걸을 수 있도록 한 게 장점이다.

제주 올레길, 지리산 둘레길을 시발로 전국의 각 지방자치단체가 서로 앞다퉈 개발한 통에 이제 어지간한 곳에서는 언제, 어디서나 걷기체험을 할 수 있다.

걷기체험은 운동량이 부족한 우리나라 아이에게 적극 권할만한 체험이며, 무엇보다 별다른 경비를 들이지 않고도 우리 강산의 아름다움을 아이 스스로 느낄 수 있다는 점, 적절한 체력단련과 더불어 인내심과 끈기를 기르는데도 한 몫 한다는 점, 걷는 길 둘레로 역사유적지나 이름난 경관이 자리한 곳이 많다는 점이 장점이다. 특히, 학년이나 나이, 체력에 따라 걸을 수 있는 구간을 알아서 정하면 되므로 멋진 걷기체험을 할 수 있다.

단, 무리한 걷기 일정을 세우거나, 기상상태가 나쁨에도 강행하는 계획을 세우거나, 아이의 몸 상태가 좋지 않은 데도 강행하면 안전사고나 체력저하, 탈진이나 탈수의 위험이 생기므로 신중해야 한다. 그럴 때는 체험날짜를 조정하거나, 걷는 구간을 간단히 함이 바람직하다.

④ 캠핑체험

캠핑체험도 여행체험에서 빠질 수 없다. 산에서, 계곡에서, 바닷가에서 텐트를 치고, 야영하는 캠핑체험은 아이에게 색다른 즐거움을 준다. 캠핑여행은 한 마디로 텐트란 매개를 통하여 자연을 아이의 삶 속으로 끌어들이는 체험이다. 기존에는 주로 걸스카우트나 보이스카우트처럼 특별한 학교의 단체조직에 써먹는 체험이었지만, 요즘에는 모두가 즐기는 체험으로 바뀌고 있다.

캠핑은 스스로 밥을 지어먹고, 일정표에 따라 움직이며, 캠프파이어를 즐기며, 밤하늘의 별을 구경할 수 있다는 점에서 나무랄 데 없이 괜찮은 체험활동이다. 단점은 전교생이 다 야영을 즐길 수 있는 캠핑시설이 많지 않다는 것, 모두가 캠핑도구를 챙겨야 한다는 것이다.

만약, 캠핑도구가 없다면 텐트가 설치된 캠핑시설이나 오토캠핑시설, 통나무집이나 자연휴양림으로 가는 방법도 있다. 그런 곳에서도 얼마든지 캠핑처럼 분위기를 즐길 수 있다. 다만, 가격이 비싼 게 흠이다.

어쨌건 캠핑시설 둘레에도 물놀이장이나 삼림욕장, 적절한 볼거리가 대부분 갖춰져 있으므로 적극 활용할 일이다.

캠핑을 떠날 때는 반드시 교사가 여럿 동행하여야 하며, 필요하다면 학부모나 전문가를 지원인력으로 초빙함이 바람직하다. 캠핑체험에서는 각종 도구를 사용하므로 무엇보다 안전에 유의해야 한다. 사소한 불장난이 산불로 번질 수도 있으며, 캠핑 도구를 부주의하게 다뤄 사람을 다치게 할 수도 있으므로 더더욱 조심해야 한다.

⑤ 해외여행체험

해외로 떠나는 여행체험도 있다. 학교나 학원의 수학여행이나 학교나 학원의 단체조직이 해외로 떠나는 경우다. 또는, 자매결연학교가 해외에 있다거나, 운동경기나 해외 경연에 참여하기 위하여 해외로 떠나는 여행도 있을 수 있다. 이때는 대부분 여행사를 통하여 관광형태의 여행을 떠나는 게 대부분이다. 왜냐하면, 해외숙박예약과 항공선박편 예약, 현지 교통편 마련은 전문단체인 여행사가 맡지 않으면 어려움이 많은 탓이다.

그러므로 숙소가 제대로 된 숙소인지, 항공선박편은 적절한 가격에 예약한 건지, 현지 일정이나 사정은 계획한 대로 이어질 건지, 현지에서 사고가 발생할 때 대처할 방법은 무엇인지 등 국내보다도 더 파악하기 어려운 부분이 많다. 그리고 거기에 드는 시간과 노력 또한 만만치 않다.

더구나 사전답사를 가야 한다면 그 경비소요도 여간 부담스러운 게 아니다. 따라서 이럴 때는 떠나려는 나라에 대한 전문여행사를 찾거나, 여행전문가의 조언을 참조해 계획을 세움이 바람직하다. 앞서 살펴본 관광여행체험처럼 항목별로 꼼꼼히 살펴야 알찬 해외여행체험이 될 수 있다.

국내여행도 그렇지만 해외로 떠날 때는 반드시 여행자보험에 가입할 일이며, 치안이나 신변안전, 질병이나 자연재해 가능성 등도 꼭 짚고 넘어가야 하며, 안전사고가 발생했을 때 대처할 요령은 반드시 확인할 일이다.

⑥ 여가체험

여가체험은 놀이동산으로 놀이기구를 타러 가는 것이 대표적이다. 그런 것 말고도 여행을 떠나서 수상스포츠를 체험하거나, 스키장으로 찾아가는 체험, 온천이나 해수탕 혹은 리조트를 찾는 체험도 있다. 이런 체험은 아이에게 진취적인 기상을 기르고, 스트레스를 날려버린다는 점에서 괜찮은 체험이다. 그러나 경비가 많이 든다는 점, 안전사고의 위험이 상대적으로 다른 체험에 비하여 높다는 점, 스포츠나 여가에 대한 교육 효과가 선진국보다 그리 높지 않다는 점이 아쉬운 대목이다.

한편, 어떠한 여행체험이건 길을 나서는 순간, 고생과 안전문제는 언제나 곳곳에서 도사리고 있다. 안전에 대해서만큼은 한순간도 방심하지 말 일이다.

7) 현장체험활동의 모둠유형

현장에서의 체험활동은 전체가 왕창 함께 하는 경우, 모둠으로 나눠 하는 경우, 개별로 따로 하는 경우로 나눌 수 있다. 즉, 전체 활동, 모둠 활등, 개별 활동이 그것이다.

① 전체 활동

전체 활동은 대개 강당이나 운동장처럼 인원을 많이 수용할 수 있는 공간에서 진행할 때가 많다. 체험활동에서 반드시 필요한 교육이나 주의사항을 강의 혹은 영상물로 살펴보는 게 대부분이다. 또는, 노래나 율동, 춤을 잠시 배울 수도 있고, 놀이나 스포츠를 함께 할 수도 있다. 놀이는 공동체 놀이나 체험현장에서 준비한 전통놀이, 공연 등이 있을 수 있고, 스포츠의 경우엔 운동장이나 공원, 해변 등을 활용해 하는 경우가 있다.

어느 경우건 전체가 하나 되어 움직인다는데 의미가 있으나 전체를 이끌어야 하므로 개별 아이의 특성을 놓치게 될 확률이 높고, 학생 관리에 따때로 어려움을 겪을 수 있다.

전체 활동이 강의나 영상물상영처럼 정적인 활동이라면 집중력이 높을 때 즉, 처음 시작할 때 하는 게 좋고, 놀이나 스포츠, 공연처럼 동적인 활동이라면 점심식사 후 혹은 마지막으로 하는 게 이상적이다.

특히, 놀이나 운동시합을 할 때 편을 가르게 되면 아이는 스스로 도우며 선의의 경쟁을 펼치기도 한다. 그러나 종종 그 경쟁이 과열되기 쉽고, 두 편으로 갈라진 힘이 충돌할 때도 잦으므로 그런 가능성이 적은 활동을 시키면 좋다. 보기로 축구경기를 한다면 남녀 혼성경기를 펼치도록 하는 거다. 벌칙구역에는 여학생만 들어가서 공격과 수비, 슛을 할 수 있도록 하고, 남학생은 슛을 금지하며 오직 미드필드에서만 활동하게 한다. 이렇게 되면 양편이 격렬하게 충돌할 가능성은 확실히 줄어든다. 놀이의 경우도 다 같이 힘을 합쳐 거대한 판을 짜는 놀이가 좋은데, 청어 엮기 같은 전통놀이나 대형 모래성 쌓기가 좋은 보기다. 이런 전체 활동을 통해서 아이는 어렴풋하나마 스스로 역할을 맡고, 서로 힘을 모으는 법을 배우고 익히게 된다.

② 모둠 활동

모둠 활동은 체험현장에서 적은 인원으로 움직이므로 아이를 지도하기 좋은데, 모둠별로 관리하면서 모둠의 아이에 대하여 낱낱이 관찰할 수 있기 때문이다. 또한, 환경과 상황에 따라 적절한 지도가 이루어져 학생보호와 지도에 용이하다.

아이 또한 모둠 활동이 부담스럽지 않다. 소규모로 움직이므로 따돌림을 당하거나 폭력에 노출되는 그릇된 또래문화에서 벗어날 수 있는 여지가 넓다. 그래서 아이끼리 관계를 형성하고, 관계를 발전시키는데도 보탬이 된다.

이처럼 체험현장에서 모둠 활동을 할 때 교사는 모둠 활동에 적극 개입하고 간섭하는 것이 아니라 모둠별로 그 특성을 파악하고, 각 모둠에 속한 아이들의 언행을 자세히 관찰하면 된다. 그러면 모둠이 갖는 어려움이나 난관을 쉽게 파악할 수 있다. 도움이 필요한 모둠이라면 그쪽으로 가서 적절한 격려와 칭찬, 용기를 북돋아 줌으로써 문제 해결에 도움을 줄 수 있다. 모둠 내에서 어려움에 처한 아이 또한 마찬가지 방식으로 찾아가 애로를 경청하고, 힘을 실어줌으로써 맞춤형으로 아이를 대할 수 있다.

모둠 활동을 할 때 주의할 점은 모둠대표는 아이들 스스로 민주적으로 뽑도록 하고, 모둠의 이름도 스스로 정하도록 이끄는 것이다. 그런 과정을 통해서 아이는 모둠 안에서 서로 역할을 나누고, 협력하고, 민주적 의사결정을 내리는 방법을 좀 더 자세히 배우고 익히게 된다.

③ 개별활동

개별적인 활동은 모든 체험활동에서 기초가 된다. 그러므로 교사는 아이가 개별 활동을 스스로 잘해나갈 수 있도록 체험내용과 방향을 뚜렷하게 제시할 필요가 있다. 그래야 어떻게 할지를 몰라 쩔쩔매거나 당황하는 아이가 생기지 않는다. 아이는 체험의 방향과 요령만 정확히 제시하면 놀랍도록 적극적으로 그리고 신기하리만치 교사가 의도하는 대로 나다간다.

또한, 아이는 저마다의 재능을 맘껏 뽐낼 수 있다. 스스로 자기가 할 내용을 찾고, 보고, 듣고, 느끼고, 생각할 줄 알며, 그것을 정리할 줄도 안다. 다만, 최종 정리에서 아이마다 방법이 다를 뿐이다. 어떤 아이는 그것을 글로, 어떤 아이는 그림으로, 어떤 아이는 말로, 어떤 아이는 컴퓨터로, 어떤 아이는 휴대전화기로, 어떤 아이는 사진으로, 어떤 아이는 행동으로, 어떤 아이는 노래로, 어떤 아이는 춤으로, 어떤 아이는 어른인 우리가 모르는 또 다른 방법으로 표현할 뿐이다. 이런 개별 활동을 통해서 아이는 해야 할 일을 스스로 찾아서 하는 법을 배우고 익힌다.

아무튼, 체험활동을 할 때 체험활동의 유형과 관계없이 체험현장에서 신경 써야 할 대목은 크게 두 가지다. 하나는 적절한 역할분담이다. 교사끼리 역할을 적절히 잘 나누어야 전체 체험활동의 일정과 흐름을 방해하지 않고 원활히 이끌 수 있다. 다른 하나는 교사의 자세다. 무엇보다 체험활동의 세상을, 체험현장의 삶을 있는 그대로 아이에게 보여주는 게 중요하다. 그러기 위해선 역시 어른인 교사가 앞장서서 본을 보이는 수밖에 없다.

6. 체험현장에서 아이랑 벗하기

체험학습의 현장에서 간혹 아이끼리 다투는 모습을 볼 수 있다. 그럴 때 교사는 힘든 순간을 맞이하게 된다. 특히, 곤혹스러운 일은 아이의 입에서 엄청난 욕설과 함께 상대방에 대한 저주와 비난이 퍼부어질 때다. 정말이지 그럴 때면 그 현장에서 즉시 사라지고 싶은 마음뿐이다. 어떻게 천사 같은 아이의 입에서 악마 같은 독설이 나올 수 있는지 놀랍기만 하다. 하지만 교사는 그런 현장에서 도망가라고 있는 사람이 아니라, 그런 현장에서 문제를 잘 풀어내라고 있는 사람이다. 즉, 문제 해결의 도우미인 셈이다.

그러나 말과 달리 정작 현장에서 그런 일과 마주하면 종종 당황하게 된다. 대체 이 사태를 어떻게 수습한단 말인가? 더 힘들게 만드는 것은 아이 또한 어른과 마찬가지로 인격과 인권을 가진 소중한 존재란 점이다. 그래서 아이를 어리다고 함부로 대하거나 맘대로 해선 안 된다는 거다. 그렇다고 그냥 내버려두거나, 수수방관하는 것 또한 할 일이 아니다. 그러면 도무지 어떻게 하라는 말인가?

체험학습에서는 그런 고민 즉, 체험현장에서 아이랑 겪는 여러 가지 상황을 설정하고, 그에 따라 필요한 조치를 할 준비가 돼 있어야 체험 활동을 즐기다 돌아올 수 있다. 체험현장에서 자주 발생하는 갈등관계를 몇 가지만 살펴보자.

1) 아이끼리 싸우면서 지독한 욕설을 퍼부을 때

아이끼리 다툼이 생겨나면 흔히 교사는 다투는 아이들을 불러 재판하듯 잘잘못을 가리고 그에 따라 벌을 주거나 혼을 내게 된다. 그러나 그렇게 하면 모처럼 나선 바깥나들이의 흥이 깨질 수밖에 없다. 그럴 때는 다음과 같은 방법으로 해보면 뜻밖에도 쉽게 애들이 다툼을 중지하게 된다.

요즘 아이는 집에서 공주나 왕자처럼 자란 아이가 대부분이다. 다른 사람의 말을 귀담아들을 줄 모르며, 다른 사람의 처지를 이해할 줄도 모른다. 그런 반면에 자기 이야기를 들어주지 않으면 상처를 받으며, 자기에게 관심을 갖지 않으면 무척 괴로워한다. 그래서 그런 아이의 처지

를 이해하면서 접근하면 예상외로 수월하게 아이의 다툼을 해결할 수
있다. 권하는 방법은 아주 간단하다.

일단, 다투는 아이의 이야기를 양쪽 다 차분히 들어보자. 그것도 다
투는 아이와 구경하는 아이들이 다 있는 곳에서. 그러면 서로 자기가
억울하다거나, 자기가 정당하다거나 하는 말을 경쟁하듯 내뱉게 된다.
그렇게 실컷 자기가 하고 싶은 말을 다 내뱉도록 내버려둔다. 중요한 건
진지성이다. 진지하게 아이들의 말을 들어주는 게 필요하다. 그런 다음
에 충분히 알겠다는 말을 하고선 다른 쪽 말도 마찬가지로 듣는다. 물
론, 아이는 한편으론 말하고, 한편으론 듣는 거다. 상황이 상황인지라
이때만큼은 아이도 자기 말, 남의 말을 다 귀담아 잘 듣는다. 어떨 땐
단 한 번 서로 내뱉은 말 한마디로 모든 싸움이 끝날 때도 있다. 필요
하다면 구경하는 아이의 이야기도 들어줄 수 있다. 아무튼, 그런 방식
으로 나아가되 한 차례로 안 되면 다시 또 서로의 정당성, 근거에 관하
여 이야기를 더 하도록 이끈다. 이렇게 두 차례, 세 차례쯤 갈등관계의
당사자 모두가 저마다 하고 싶은 말을 다 내뱉도록 하면 의외로 전투적
인 분위기가 잠시 소강상태로, 그리고 서먹한 분위기로 가다가 이내 정
리되고 만다.

교사는 단지 다투는 양쪽 아이의 의견을 충분히 들어주고, 그 심정
을 동의한 다음 화해방법만 제시하면 끝이다. 놀랍게도 아이는 자기의
말이 교사에게 전달되었다고 판단하는 순간, 용광로처럼 타오르던 적
대감을 버리고 친구와 화해할 준비가 되어 있다. 그때 적절한 화해방법
을 제시하면서 서로 수용 여부를 묻고, 화해가 잘 되면 양쪽 아이를 모

두 격려해주자. 그럼 남은 하루를 사이좋게 잘 지내다 집으로 돌아갈 수 있다.

만약, 그렇게 했음에도 화가 풀리지 않는 아이가 있다면 그건 그 아이의 마음을 진심으로 받아주지 않았거나, 아이의 이야기를 듣는 과정에서 아이의 진심을 읽지 못한 데 기인함이 대부분이다. 그러므로 아이가 다투거나 화해하는 상황에서도 다툰 아이 모두의 마음에 상처를 주지 않도록 유심히 잘 관찰하면서 접근함이 좋다. 아이의 이야기를 들을 때 '싸운 이놈들, 어디 이야기가 끝나기만 해봐라!'라는 식이 아니라 그 아이의 아픔, 그 아이의 속마음을 먼저 헤아리면서, 갈등관계의 당사자가 입은 상처를 어루만지면서 들도록 하자. 이런 열린 자세는 꽤 중요한데, 교사는 아이가 다툴 때 그 다툼을 해결하는 해결사나 재판관이 아니라 다투는 아이를 달래고, 그 아이가 남은 시간을 서로 사이좋게 보낼 수 있도록 도와주는 사람이기 때문이다.

2) 자기밖에 모르는 아이를 대할 때

사람이 흔히 그렇듯 아이도 이기적이다. 이기적이란 어찌 보면 본능적일 수도 있다. 그러나 사회는 사회화과정을 거치면서 사람이 가진 그 본능적인 이기심을 이성적 사회화로 억제하는 경향을 갖도록 교육한다. 그렇게 함으로써 사회질서가 유지될 수 있다. 그러나 아이의 경우엔 모든 걸 그런 사회화의 잣대로 내밀 수 없다. 왜냐하면, 아이는 여전히 성장 중이며, 사회화의 과정을 모두 마치지 않았기 때문이다. 그런 까닭에 아이가 이기적인 것을 두고 무조건 나무랄 수도 없으며, 무조건 나쁘다고 평가할 수도 없다.

　그럼 현장에서 자기밖에 모르는 행위를 하는 아이를 보면 어떻게 함이 좋을까? 이런 아이는 대부분 더불어 생활하는데 익숙하지 않다. 그런 경험을 해보지 않은 탓이다. 외동이 아니어도 그런 애가 가끔 보인다는 게 그 증거다. 외동이건, 아니건 더불어 사는 경험을 가정에서부터 갖지 못한 아이는 어떤 행위를 하건 자기의 행위가 왜 문제인지를 깨닫지 못한다. 또한, 다른 아이에게 말할 용기나 자신이 없어 그럴 수도 있다. 그러므로 이럴 때는 오랫동안 시간을 두고 접근함이 좋다.

　보기로 간식거리를 몇 명이 먹어도 남을 만큼 넘치도록 가져왔더라도 다른 아이에겐 주지 않고 혼자만 먹는 아이가 있다. 심지어 음식이 상해 버리게 될 판인 데도 친구와 나눌 줄 모르는 아이도 있다. 그런 아이는 어떻게 하면 좋을까? 당연히 음식을 나눠 먹는 게 미덕임을 깨닫도록 교사부터 모범을 보일 필요가 있다. 먹을거리를 나누는 모범을 보이고, 따라 하는 아이가 있으면 칭찬할 일이다. 그렇게 한두 번씩 행하다 보면 어느새 자연스럽게 아이에게 음식을 나누어 먹는 버릇이 생긴다.

　이기적인 행위를 극복하는 간단한 길은 나누는 기쁨을 아이가 알도록 하는 거다. 나눔을 통해서 서로의 관계가 개선되고, 서로가 즐거울 수 있다면 나누지 못할 이유가 없잖은가? 그리고 가능하면 몸으로 하는 놀이를 여럿이 즐기도록 하면 좋다. 혼자서 노는 재미와 달리 서로 부대끼면서 여럿이 노는 재미도 있다는 걸 느끼는 순간 애들은 모두가 서로에게 필요한 존재로 자리매김하게 돼 있다. 그럴 때 이기심은 스스로 물러난다. 혼을 내거나 벌을 주면 쉽게 물러서지 않는 아이의 이기심조차 아이끼리 서로 나누며, 한데 어울려 놀 때 얻는 기쁨 앞에서는 손쉽게 물러난다.

3) 아이를 칭찬할 때와 나무랄 때

아이를 칭찬하거나 나무랄 때는 근거를 명확히 밝혀야 한다. 그렇지 않고 속 보이는 칭찬, 빤한 꾸지람은 피함이 낫다. 이르자면 입에 버릇처럼 배인 '조용히 해라, 떠들지 마라, 혼난다, 하지 마라!'는 말은 될 수 있으면 하지 않는 게 좋다. 그보다는 왜 그래야 하는지를 먼저 조용히 설득시키는 편이 낫다.

아이가 떠들거나, 장난을 치거나, 주의가 산만할 때는 몇 차례 설득부터 하는 게 순서다. 우리 애들은 설득을 통해 조용하기보다는 힘으로, 어른에 의해, 외부의 강요에 강제로 조용해지는 교육을 더 많이 받은 탓에 조용히 타이르는 설득이 쉽지만은 않다. 하지만 그렇기 때문에 더 늦어지기 전인 지금부터라도 그렇게 함이 좋다.

그럼 어떻게 하면 아이에게 험한 말을 하지 않고도 무난히 설득할 수 있을까?

이 또한 생각보다는 어렵지 않다. 먼저, 아이에게 설득을 시키고 싶은 내용을 말한다. 그런 다음 왜 그래야 하는지 그 까닭을 얘기한다. 마지막으로 아이에게 '이해'와 '협조', '도움'을 구한다. 이렇게 하면 의외로 쉽게 따라준다.

요즘 아이는 칭찬이나 꾸지람을 당할 때 어른의 눈빛만 봐도 그게 진심인지 아닌지 다 알아차린다. 그래서 칭찬이나 꾸지람을 할 때는 반드시 왜 그렇게 하는지 근거를 뚜렷이 밝히는 게 좋다. 체험활동에 적극 임했다거나, 어려움에 처한 친구를 도왔다거나, 다들 힘든데 모범을 보였다거나, 길 잃은 아이를 미아보호소에 데려갔다거나 등등 어떤 자세한 보기를 들어서 칭찬함이 좋다. 그건 아이를 꾸짖을 때도 마찬가지다.

아울러 협조나 도움을 요청하는 것은 아이에게 매달리는 것이 아니라, 교사와 학생이 함께 갈 길이 무엇인지를 뚜렷하게 알려주고, 그 길에 동참하면 더 즐겁게, 더 재미나게 지낼 수 있다는 것을 일깨워주기 위함이다. 그것도 어른의 힘에 의해서가 아니라 아이 스스로의 도움과 자발성을 통해 알게끔 하는 것이다.

한편, 설득과 협조를 비롯해 여러 가지 방법을 썼는데도 분위기를 흐트리거나 다른 아이를 괴롭히는 아이가 있다면 단호히 응징할 필요가 생긴다. 그러나 그럴 때조차 왜 그래야 하는지를 분명히 이야기함이 좋다.

아울러 칭찬은 다른 애들이 보는 앞에서 널리 퍼뜨리고, 나무랄 일은 될 수 있다면 다른 아이가 없는 곳에서 아이의 손을 붙잡고 눈을 정확히 마주치며 분명히 이야기함이 좋다. 그때 아이는 진심으로 깨닫고 동참하게 된다. 그러다 또 시간이 지나 아이가 같은 행동을 할 때는 그저 그 아이의 이름을 부르고 눈빛을 마주치는 것만으로도 상황은 쉽게 끝난다. 중요한 것은 혼낼 때나, 추켜세울 때나 확실하게 근거를 갖자는 것을 되새기는 일이며, 아이의 언행을 어른의 시각이 아닌 아이의 시각이나 처지로 바라보면서 다가서자는 것을 재확인하는 일이다.

4) 아이를 때릴 때

사람이 사람을 때리는 일은 그 어떤 이유를 불문하고 하지 말아야 할 일이다. 하물며 아이를 때리는 일이야! 역시 해서는 안 될 아주 몹쓸 짓이다. 결론부터 말하자면 아이는 맞아야 할 아무런 이유가 없다!

어른이 판단하기에 어떤 아이가 꼭 맞아야 할 만큼 나쁜 일을 저질렀다고 치자. 그럼 그 나쁜 일을 저지른 아이는 늘 맞아야 하는가? 그러면 이렇게 되물어보자. 나쁜 일을 저지르는 어른은 늘 맞는가? 아니다. 따라서 그런 상황에 처하면 당황스럽더라도 일단 한 걸음 물러나 꼼꼼히 따져봄이 좋다. 사실, 어떤 아이가 나쁜 일을 저질렀다면, 분명 그 아이는 직접 혹은 간접으로, 어른이나 사회로부터 그 나쁜 일을 배웠을 게 틀림없다.

보기로 어떤 아이가 입에 담기도 거북한 욕지거리를 내뱉었다고 하자. 그 아이가 그런 욕설을 어디에서, 누구한테 배웠을까? 모르긴 해도 아마 집이나 학교, 학원이나 사회의 한구석에서 그 욕을 먼저 익힌 어떤 어른으로부터 배웠을 것이다. 아이는 본디 그런 말을 모른 채 태어났지만, 자라면서 어느샌가 어른이나 이웃으로부터 그런 말을 자주 들으면서 저도 모르게 어른을 따라 흉내 냈을 게 틀림없다.

또 다른 보기를 들어서 어떤 아이가 다른 아이를 아무런 이유 없이 마구 패고 있다고 치자. 설령, 그런 때라 하더라도 때리는 아이를 교사가 때려선 안 된다. 그럴 때는 먼저 아이를 싸움판에서 떼어 낸 뒤 차분히 물어볼 일이다. 왜 주먹다짐을 하는지 아니면 왜 아이를 때리는지 물어본 다음 그 원인을 하나하나 풀어가는 게 좋다. 그래서 서로가 잘못하여 서로에게 사과할 일이라면 서로 사과를 하면 될 일이다. 혹시, 가해 학생이 사과해야 할 상황이라면 가해 학생이 피해 학생에게 사과하도록 할 일이다.

주먹다짐이나 구타행위를 날 때부터 천성으로 타고났다고 믿는 사람은 아무도 없을 것이다. 결국, 아이가 지닌 나쁜 언행 또한 우리 사회가, 우리 어른이 보여 준 옳지 않은 모습의 반영에 불과하다. 앞서 든 보기는 모두 극단의 보기지만, 극단적인 보기에서도 알 수 있듯 어른은, 교사는 어떤 까닭이건 아이를 때리는 일을 멈추는 것이 옳다.

교사가 아이를 때리는 것은 자라나는 희망을 때리는 것이고, 어른이 아이를 때리는 것은 아이의 꿈과 희망을 짓밟는 범죄행위나 마찬가지다. 그러니 잘못한 아이, 실수한 아이에 대해서는 그런 잘못과 실수의 원인, 과정은 명확히 규명하되, 그에 대하여 어떤 조치나 벌이 필요하더라도 아이를 때리거나, 아이를 육체적·정신적으로 심하게 고통에 빠트리는 체벌행위는 하지 말아야 한다.

폭력은 폭력을 낳고, 사랑의 매는 사랑의 매를 빙자한 폭력을 생산할 뿐이다. 때리지 않고 아이가 충분히 뉘우칠 방법으로 엄벌함이 마땅하다. 그리고 어떤 일이 있어도 아이가 잘못한 일, 그릇된 일, 실수한 일을 그냥 지나치지는 말 일이다. 반드시 짚고는 넘어가되, 아이가 고칠 수 있도록 혼내는 법을 달리하자는 것이다.

5) 아이끼리 서로 갈등을 빚을 때

아이는 다른 아이랑 부대끼면서 질서를 배우고 익히는 게 자연스럽다. 아이라서 다른 아이랑 놀다가 갈등이 생길 수도 있고, 심하면 싸움질로까지 이어질 수도 있다. 그럴 때 교사는 어떻게 하면 좋을까?

아이끼리 생명이 위험할 정도로, 혹은 흉기를 들고 심하게 다투고 있다면 무조건 제압할 일이다. 왜냐하면, 그때는 아이가 크게 다치거나, 애꿎은 아이가 피해를 보거나, 심할 땐 목숨까지 위태로울 수 있기 때문이다. 그렇게 위급한 상황이라면 굳이 앞뒤 가릴 필요도 없이 그 상황부터 신속히 해결하는 것이 바람직하다.

그러나 그런 경우가 아니라면 좀 더 여유를 가질 필요가 있다. 사실, 예나 지금이나 종종 아이끼리는 곧잘 놀다가도 이내 주먹다짐을 하기도 한다. 자, 여기에 어떤 아이 둘이 서로 싸우고 있다고 치자. 그렇다고 해서 어른이 불쑥 끼어들면 곤란하다. 그러나 싸움질을 멍하니 바라보는 것 또한 할 일은 아니므로 먼저 싸움은 말리고 볼 일이다. 흥정은 붙이고, 싸움은 말리라 하지 않았는가!

싸우는 두 아이를 일단 떼어낸 다음에는 대화를 잘 이어가야 한다. 대화는 신중을 기해야 하며 객관성에 따라 진행되어야 한다. 왜 싸우는지 서로의 이야기를 충분히 듣고 공감해주고, 갈등이 생겨난 원인은 무엇이며, 그 과정에서 서로 어떻게 했는지, 그 갈등을 해결할 방안은 무엇인지, 서로 조금씩 양보를 해서 풀 수 있는 건지, 서로 우격다짐이 아니라 대화를 통해 풀 수 있는지 냉정히 풀어갈 일이다. 그리하여 교사가 모범답안을 제시하는 게 아니라 아이끼리 서로의 갈등을 마치 구경하는 친구가 바라보듯 제삼자의 눈으로 바라볼 수 있도록 흥분을 가라앉히고, 당사자들이 스스로 갈등의 해법을 찾도록 하는 것이 으뜸이다.

그래도 갈등 해소가 되지 않으면 그때 비로소 객관성과 중립성을 지닌 채 갈등을 중재하는 게 차선책이다. 그러면 대개 아이는 당사자 사이에 갈등의 원인이 무엇인지, 다시 말해 왜 다투었는지, 그 과정은 어땠는지, 어떤 이해가 엇갈리는지, 어떤 해결방법을 취했으면 좋겠는지 서로에게 묻게 돼 있다. 그 와중에 갈등을 빚은 애들은 실컷 제가 하고 싶은 말을 다 풀어놓게 되며, 간혹 그런 과정에서 다시 오가는 말이 곱지 않아 새로 싸움이 벌어질 수도 있다. 교사는 그런 흐름을 잘 읽으면서 아이끼리 갈등을 해결하도록 유도함이 바람직하다. 그런 과정에서 애들은 스스로 질서를 유지하는 법, 갈등을 푸는 법을 익히게 된다. 그러니 자연스레 더불어 사는 법을 배우는 셈이다.

아울러 한쪽이 잘못한 관계 즉, 가해자와 피해자 관계라면 가해자는 피해자에게 어떤 형식이건 진정으로 사과하게끔 하고, 피해자는 가해자의 진심 어린 사과를 받아들이도록 지도하면 좋다. 또한, 보복만큼 비겁하고 비열한 짓이 없음을 새삼 강조하고, 서로가 마음을 열고 현실을 받아들이도록 격려할 필요가 있다.

교사는 아이끼리 갈등을 빚을 때도 재판관이 아니라 중재자의 역할을, 갈등 해소를 강제로 지시하는 게 아니라 아이들 스스로 풀도록 함이 아이로부터 믿음과 존경을 받을 수 있음을 명심하자.

6) 아이가 버릇처럼 욕을 쓸 때

세 살 버릇 여든 간다고 욕 쓰는 버릇은 평생을 간다. 어릴 적 아무런 생각 없이 내뱉은 욕이 어른이 되어서도 쉽게 입에서 떠나지 않는 경험을 아마 대부분 해봤을 터다. 인생을 살면서 좋은 일, 착한 일만 하고 살기에도 짧은데 하물며 나쁜 일, 못된 일을 굳이 권할 필요가 없다. 더구나 나쁜 버릇, 그릇된 습관은 마땅히 일찍 고치는 게 옳다. 욕설 또한 나쁜 버릇 가운데 하나다. 그러니 될 수 있으면 아이가 욕을 쓰지 않도록 이끄는 게 중요하다.

그러려면 먼저 어른인 교사부터 말을 잘 가려 쓸 일이다. 교사는 언제, 어디서건 욕설은 물론이거니와 속어나 약어를 무분별하게 쓰지 않도록 조심하자. 물론, 웃자고 유행어나 속어를 슬쩍 한두 마디씩 던질 수는 있겠지만, 굳이 아이의 말을 그대로 따라 할 필요도 없고, 사회의 좋지 않은 말을 그대로 던져야 할 까닭도 없다. 그러면 그 말을 듣고 자라는 아이는 당연히 그러려니 하고 그런 말을 함부로 배우고, 익히게 된다. 아이이건 어른이건 오가는 말이 고우면 다툼의 요인이 사라진다.

하물며 아이가 일찍부터 욕설처럼 나쁜 말을 빨리 배운다면 지나치게 자기중심으로 흐르기 쉽다. 즉, 어른이 하듯 자기는 욕설을 해도 무방하지만, 다른 애가 자기에게 욕하는 것은 결코 참을 수 없게 된다. 다시 말해 욕이나 나쁜 말을 통해 자기권위나 자기의 존재를 무의식중에 과시하는 것에 익숙해진다. 따라서 아이가 욕을 쓸 때면 즉각 그 자리에서 그 욕에 대해 진지하게 짚을 필요가 있다.

욕이란 무엇인지, 욕은 왜 생겨났는지, 어떤 욕이 있는지, 왜 사람은 욕을 쓰는지, 욕을 쓴 사람과 받은 사람의 기분이나 감정은 어떤지, 결국 누구에게 어떤 영향을 주고받는지를 애가 머쓱할 정도로 차분히 그러나 엄하게 풀 필요가 있다. 은어나 비어, 속어나 유행어 또한 마찬가지다. 실제로 그렇게 아이랑 이야기를 나누면 처음엔 교사 앞에서, 나중엔 어디서나 차츰차츰 욕을 쓰지 않는 아이로 바뀌게 된다.

또, 친한 친구끼리 욕을 아무렇지도 않게 서로 주고받는 걸 볼 수 있는데 그 또한 적극 막을 일이다. 아이는 욕을 써도 될 만큼 친한 사이임을 강조하기 위해서라고 하지만 친한 사이끼리 굳이 욕을 쓸 일은 아니지 않은가. 평생을 고운 말과 부드러운 말, 좋은 말과 격려가 되는 말을 써도 모자랄 판인데 욕설처럼 나쁜 말을 쓰도록 내버려두는 것은 달리 생각하면 교사의 책임회피나 마찬가지이다.

7) 음식물을 앞에 뒀을 때

살다 보면 욕심이 참 많이 생긴다. 자식에 대한 욕심, 제자를 잘 가르치려는 욕심, 스승에게 더 많이 배우려는 욕심, 좋은 옷이나 물건을 더 가지고 싶은 욕심, 돈에 대한 욕심, 일에 대한 욕심… 아무튼 이 욕심은 끝도 없이 마음속 곳곳에서 일어난다. 그런데 이 욕심으로 인해 사람은 살기가 퍽 빡빡해진다. 욕심 없는 사람끼리 산다면야 이 세상 갈등이 왜 생겨날 것이며, 이 세상 모순이 왜 생겨날까? 그래서 역설적으로 어떤 이는 욕심 없이 무슨 낙으로 살 것이냐고 되묻기도 한다. 그러나 그런 분들에게는 다시 답하고 싶다.

욕심 없이 얼마든지 잘 살 수 있고, 행복할 수 있다! 그것이 어떻게 가능한가?

욕심을 버리더라도 꿈을 가지면 된다! 우리는 대부분 욕심과 꿈을 헷갈리기 때문에 갈등을 빚는 수가 많다. 내가 이만큼 해보겠다는 꿈, 이렇게 살아보겠다는 꿈과 내가 이만큼 더 가져야지 하는 욕심은 하늘과 땅 차이다.

그럼 욕심은 어떻게 하면 다스려질까?

간단하다. 자기가 가장 아끼는 것을 선뜻 내놓을 줄 알면 된다. 스님 사회에서는 자기가 암만 소중히 여기는 것도 다른 도반이 그것을 달라고 세 번 청하면 내놓아야 한다고 들었다. 아마 욕심을 버려야 하는 구도자로서는 마땅한 일이라 보지만, 그게 쉽지는 않다. 하물며 우리 같은 범부중생이야 오죽하랴. 그럼 아이는? 아이도 마찬가지다! 아이라고 어찌 제 것이 소중하지 않을쏘냐!

아이가 가지고 있는 것 가운데 가장 소중한 것은 무엇일까? 요즘 애들은 꿈이나 희망에 대한 것보다는 입시나 돈에 대한 것을 하도 많이 들어서 명문대학이나 월급 많은 대기업, 비싼 명품이 좋은 줄은 다 안다. 여기서 굳이 그런 것보다 꿈과 희망이 더 낫다는 역설을 하려는 게 아니다. 그런 것은 솔직히 아이가 당면한 현실이 아니지 않은가.

그렇다면 우리 아이가 당면한 일상생활에서 가장 소중한 것은 무엇일까?

바로 아이가 쓰는 문구용품과 먹을거리다. 그래서 필요한 문구용품을 나눠 쓰기, 연필 없는 친구에게 연필 빌려 주기, 제 먹을 것을 다른 아이와 나눠 먹기가 필요하다. 그런 행위야말로 아이의 삶에서 자연스레 이웃과 더불어 사는 습관을 가꾸는 기초라 할 수 있다. 소중한 먹을거리를 다른 이와 나누는 것, 그것이야말로 서로의 삶, 서로의 생명을 나누는 것이 아닐까? 어른이고, 아이고 유심히 관찰해보면 음식을 잘 나누어 먹는 사람 치고 악한 사람 없고, 싸움하는 사람 없다! 그래서 체험학습처럼 도시락이나 간식을 준비할 때면 친구와 서로 나눠 먹는 버릇을 가지도록 도와주자는 거다. 처음엔 어색하더라도 시간이 흐를수록 친한 친구끼리, 차츰 친하지 않더라도 필요에 따라 음식을 나누는 모습을 쉬이 볼 수 있다.

최근 들어 아이끼리도 음식이나 문구용품보다는 명품의류나 명품신발, 고급 휴대전화기가 더 관심거리다. 문제는 그런 물품은 쉽게 나눌 수 있지 않다는 것에 있다. 우리 사회가 명품을 지향하는 고품격사회로 나가는 일은 한편 반길 일이나, 명품만을 고집하는 사회로 나가는 일은 적극 말릴 일이다. 그런 풍조를 막으려면 어려서부터 그런 경향을 극복하는 모습을 경험하는 것이 중요하다. 그래서 음식물 나누기가 더욱 소중하고 필요하다. 음식물을 나눌 줄 아는 아이가 훗날 제 능력을 사회에 기꺼이 나눌 줄 아는 어른으로 성장할 것임은 물어볼 필요도 없다.

8) 주의가 산만해 집중이 안 될 때

체험학습에서 아이가 집중이 안 되는 까닭은 여러 가지가 있을 수 있다. 여기선 교사와 관련된 사항을 중심으로 살펴보자. 적어도 교사가 현장의 체험활동에 대하여 충분히 준비했더라면 그만큼 현장에서 즐겁게 활동이 이어질 것이므로 주의가 산만해질 리가 없다. 그러나 암만 준비를 많이 했더라도 주변 상황에 따라 현장이 다소 소란해 질 수도 있다. 그럴 때는 얼른 분위기를 바꾸는 게 도리다. 그런 상황에서는 아무리 애써봐야 애들의 시선 집중도 안 되고, 되레 산만함만 더해질 뿐이다.

그럼 산만해진 분위기를 어떻게 바꿀 방법은 없을까?

첫째, 목소리를 바꾸자. 똑같은 목소리로 애들을 만나면 애들은 이내 지루함을 느끼고 하품하기 일쑤다. 낮다가도 높게, 부드럽다가도 강하게, 늦다가도 빠르게 그 소리의 높낮이나 길이, 속도를 조절함으로써 분위기를 변화시킬 수 있다.

둘째, 교사는 때로는 배우이자 연출가가 될 필요가 있다. 교사의 표정과 몸짓은 아이의 시선을 고정시키는데 큰 역할을 한다. 스스로 망가진다 싶을 정도로 자기 헌신을 할 때 분위기 전환에 성공할 수 있다.

셋째, 준비해 간 교구를 적절히 활용한다. 말로만 하는 것보다는 몸짓과 표정 연기가 등장하는 게 아이의 집중도를 높이는데 낫고, 그보다는 색다른 교구가 집중도를 높이는데 기여하는 바가 크다.

넷째, 산만함을 이끄는 환경을 피할 일이다. 대형 스피커 옆이나 공연장, 식당처럼 사람이 붐비거나 시끄러운 곳에서 애들이랑 무엇을 해봐야 소용이 없다. 아이랑 이야기를 나눌 수 있는 조용한 분위기, 차분한 분위기를 찾거나 조성할 필요가 있다.

다섯째, 산만함을 부추기는 아이는 교사 둘레로 유도해 협조를 구하자. 다 큰 청소년도 교사 옆에 있으면 아무래도 활동에 위축을 느끼기 마련이다.

여섯째, 전체적으로 아이가 산만하다는 것은 체험내용이 재미없다거나, 교사의 설명이 지겹다거나, 체험내용에 관심이 없을 때이므로 그런 부분은 제고하여 추후엔 그런 일이 덜 생기도록 만전을 기함이 좋다.

이렇게 노력을 해도 자꾸만 집중이 안 되고 주의가 산만해지면 어떻게 해야 할까?

서둘러 마치는 것이 으뜸이다! 더 해봤자 아니함만 못할 때는 빨리 마무리하는 것도 괜찮은 방법이다. 뭔가 하려고 할수록 산만함만 더할 뿐이고, 그러면 그다음 일정 또한 쉽지 않게 된다. 그럴 때는 얼른 마무리한 뒤 다음 진행으로 넘어가는 것이 순리이다.

9) 체험현장의 체험활동에 무관심할 때

체험현장에서 대다수 아이가 재미있게 체험활동을 즐길 때 홀로 그 체험의 재미를 느끼지 못하는 아이가 가끔 있다. 그럴 때는 아이에게 관심을 보이며 체험활동에 대한 흥미 여부를 확인한다. 아이가 체험활동에 흥미가 있음에도 체험활동에 나서기를 꺼린다면 분명 다른 이유가 있을 터이므로 그 이야기를 아이와 나눔이 중요하다.

낮은 학년 아이라면 친구에게 따돌림을 당해서, 친한 친구가 다른 친구와 놀아서, 엄마한테 아침에 혼이 나서, 옷을 버려서 나중에 부모님께 혼날까 봐, 체험하고는 싶은데 잘할 자신이 없어서 등등 여러 가지 이유를 댈 것이고, 높은 학년이라면 사춘기여서, 혹은 이성 친구 때문에, 시험을 망쳐서, 집안문제가 복잡해서, 친구 관계가 불편해서, 교사나 학교가 싫다거나 등등 또 다른 이유가 있을 수 있다. 그럴 때는 아이가 처한 환경과 조건, 상황에 맞춰 같이 공감하면서 서로 할 수 있는 방안이 무엇인지를 찾아보면 뜻밖에도 쉽게 해결이 되는 수가 많다.

문제는 아예 현장의 체험활동에 관심도 없고, 교사와 이야기를 나누는 것조차 피하는 아이다. 이런 경우는 체험활동에 얽힌 재미난 이야기, 아이의 흥미를 끌 만한 사건, 체험활동을 마쳤을 때의 뿌듯함을 들려준다. 또, 체험활동의 성과물이 있다면 보여주고, 체험활동을 즐거워하는 아이를 만나도록 유도한다. 그래도 관심이 없으면 일단 그날의 현장체험은 묻어두고, 아이의 관심거리에 관하여 이야기를 나눔이 좋다. 아이가 정말 하고 싶은 체험활동은 무엇이며, 그 체험활동은 어디에서 어떻게 할 수 있는지를 나눈다. 그 체험거리를 지금 여기서 할 수 있는지를 생각하게끔 하고, 당장 할 수 없다면 어떻게 하면 좋을지를 나눈다. 아이들 대부분은 이 정도 진행되면 '그냥 가서 할게요!'라며 자리를 떠난다. 때로는 '과연 저 아이가 이 체험활동에 흥미가 없는 걸까?' 싶을 정도로 열심히 체험활동에 임할 수도 있다.

결국, 아이는 체험현장에서 자기가 즐길 수 있는 거리를 곧장 연결하지 못해서 체험활동에 흥미를 느끼지 못할 때도 있으므로 아이의 기호와 체험활동의 연관성을 잘 짚어주고, 그런 대목에 맞춰 이끌어주면 아이가 체험활동을 잘 즐길 수 있도록 도와줄 수 있다.

10) 아이가 자기 마음대로 할 때

요즘 애들은 별생각이 없는 아이, 모든 걸 편하게만 하려는 아이, 제 맘대로만 하려는 아이가 많다는 말을 자주 듣는다. 옛날 아이는 어땠는지 모르지만, 그 말은 일단 어른의 입장에서 볼 때 그렇다는 말로 이해하면 될 성싶다. 그런데 그렇다 하더라도 하나 짚기는 해보자. 왜 요즘 어른은 우리 애들이 자기가 어렸을 적과는 달리 문제가 있다고 느끼는 걸까?

그건 사회문화적 환경의 변화에서 찾을 수밖에 없다. 농경 생활 중심의 대가족사회에서 모두가 공동체를 이루어야만 생존할 수 있었던 시절이랑, 산업화 이후 핵가족에서 자기 가정에만 충실해도 불편함이 없는 지금이랑은 다를 수밖에 없지 않을까. 또, 핵가족인 데다 자식이 하나 아니면 둘이다. 그러니 귀하디귀한 자식이라 자식에게 쏟는 열정도 엄청나다. 물질적 풍요가 가져다준 환경의 변화는 굳이 아이가 골치 아프게 머리를 쓸 아무런 이유가 없게끔 하였다. 컴퓨터와 인터넷이 숙제를 대신해주며, 집에서는 부모가, 학교에서는 교사가 모든 걸 대신해준다. 그러니 아이는 저도 모르게 제가 생각하는 건 제 맘대로 하면 된다고 여기며, 제가 힘든 것은 남들이 알아서 해줄 거라고 으레 생각한다.

이런 생각과 버릇은 하루아침에 쉽게 고쳐지지 않는다. 그런 까닭에 체험학습 현장에서도 이런 아이를 만나면 당황스럽다. 그러나 그렇다고 손을 놓을 수는 없는 노릇 아닌가. 이럴 때 좋은 게 바로 아이에게 노동을 시키는 거다. 노동은 아이를 스스로 자라나게 하는 위대한 스승 가운데 하나다. 체험활동에서 노동이라 하면 언뜻 농촌체험, 공장체험처럼 육체적으로 힘든 체험을 떠올리겠지만 여기서 말하는 노동이란 그런 게 아니다.

체험학습에서 노동이란 체험활동의 현장에서 아이 스스로 생각하고, 아이 스스로 답을 찾아가는 과정을 말한다. 이게 아주 중요하다. 그래서 체험현장에서 교사가 일방적으로 알려주는 방식을 피하라는 것이고, 체험활동을 주최하는 쪽에서도 일방적으로 전하는 것을 피함이 좋다는 거다. 무슨 체험이건 아이가 눈으로 보고, 귀로 듣고, 코로 맡고, 입으로 맛보고, 손으로 만져보고, 몸으로 느끼도록 하자. 아이가 스스로 해 본 것을 스스로 고민하고, 스스로 생각하고, 스스로 정리하게끔 하는 것, 이것이 바로 체험학습에서의 노동이다.

노동의 위대함은 일의 첫머리에서부터 마무리까지 그 흐름을 알고서 그 과정에 필요한 역할과 시간을 현실의 조건과 역량에 맞추어 배정하는 것에 있다. 즉, 꿈을 현실로 만드는 과정을 노동이 보장하는 것이다. 현장에서 아이가 겪고 행한 모든 것을 스스로 정리할 때 아이는 체험활동 과정에서 나타난 여러 가지를 고려할 수밖에 없으며, 결국 체험활동 하나에도 여러 가지가 연관돼 있다는 것, 여러 사람이 힘을 합친다는 것을 깨닫게 된다.

이처럼 노동은 아이가 어른의 도움 없이도 스스로 뭔가를 찾도록 이끌어주고 성취감과 만족감을 준다. 이런 훈련을 되풀이할 때 아무런 생각이 없다는 아이도, 아무런 의욕이 없다는 아이도, 편하고만 싶다는 아이도, 제 마음대로만 하려는 아이도 변하게 된다. 교사는 물론 그런 흐름에 물꼬를 터주는 역할만 하면 된다.

11) 여자 선생님을 깔보거나 무시할 때

사회의 발달과 환경의 변화에 따라 여성의 지위가 많이 향상되었음에도 여전히 우리 사회는 남성중심의 문화, 가부장적 제도의 영향이 강하게 남아있다. 가정에서도, 직장에서도, 사회 각 분야에서도 남성우위는 그대로 진행되고 있다. 유교전통사회가 아님에도, 자본주의가 발달한 민주사회임에도 여전히 강하게 존재하는 남성중심의 가치관은 교육현장에서도 고스란히 영향을 미친다.

보기를 들어보자. 낮은 학년에서 높은 학년으로 올라갈 즈음이 되면 남자아이는 서서히 몸에 힘이 생기면서 그 중 몇몇 아이는 은근히 여자 선생님을 무시하거나 깔볼 때가 있다. 이럴 때 교사는 그런 아이조차 귀엽고 사랑스러워 그런 행위를 받아주기 쉽다. 그러나 그럴 때는 도리어 단호히 대처함이 좋다. 아이는 그럴 때 자기의 힘이 세진 것을 믿고, 어른인 여성교사가 굴복하는 것으로 착각한다. 그래서 더더욱 그 다음에도 그 힘을 확인하려 들고, 마침내 교사와 갈등관계로까지 치달을 수도 있다. 그러므로 아이가 제힘만 믿고 덤벼들 경우엔 결연히 맞섬이 좋다. 그런 아이는 종종 여자 선생님에게 반말을 하거나, 노려보거나, 주먹을 쥐고 발길질을 하며 덤벼들기도 한다. 그럴 땐 크게 호흡 한 번 내쉬고 아이를 단박에 힘으로 압도해야 한다. 힘을 쓸 때 확실히 힘을 써서 아이가 '헉! 아니구나. 그동안 봐준 것이구나.' 하는 걸 깨닫도록 함이 옳다. 마음이 여려서 힘을 꽉 쓰지 못하면 한동안 아이에게서 무시당함을 감수해야 할 판이니 알아서 할 일이다.

높은 학년에서는 남녀 아이를 막론하고 여자 선생님을 무시할 때가 많다. 아무래도 남자 선생님은 덩치도 크고 힘도 세므로 함부로 다가갈 수 없지만, 여자 선생님은 상대적으로 만만한 탓이다. 심지어 여자 선생님의 말을 듣지 않는 것은 물론이거니와 교사에게 욕설을 퍼붓거나, 심하면 교사를 폭행하기까지도 한다. 그럴 땐 철저히 남자 선생님의 협조가 필요하다. 가정에서 엄마의 권위를 철저히 지키는 아빠가 있으면 엄마에게 대드는 자식이 없듯, 학교나 학원에서는 남자 선생님이 여자 선생님을 지키고 보호할 때 여자 선생님에게 함부로 대드는 아이가 사라진다.

그러나 오늘날 교육풍토는 서로 자기 몸을 사리고, 지키는 것에만 급급할 뿐 동료교사의 어려움을 외면하는 현실이라 문제가 더 심각하다. 단언컨대 교사가 아이로부터 그런 부당한 대우를 받을 만한 언행을 한 적이 없다면 아이도 그럴 일이 없다. 그러나 현실은 여자 선생님과는 직접적인 연관이 없건만 함부로 대드는 아이도 있으므로 그럴 때는 어쩔 수 없이 남자 선생님이 앞장설 일이다. 학교에서 언제, 어디서건 남자 선생님이 여자 선생님을 존경하고, 보호하고, 존중하는 모습을 보인다면 우리 아이가 여자 선생님이라고 함부로 할 까닭이 하나도 없다.

12) 아이랑 벗이 되는 현장수칙

체험현장에서 아이를 만나면 여러 형태의 상황과 조건, 처지에 따라 벌어지는 일이 천태만상이다. 그러나 앞선 보기에 없는 상황이 발생한다고 해서 놀랄 일도 없다. 왜냐하면, 앞서 봤듯 핵심은 간단하다. 어떤 상황이나 사건이 닥치더라도 교사는 아이의 말을 잘 들어주고, 아이의 감정을 잘 감싸준 다음 아이들이 처한 현실을 냉정히 그리고 차분하게 같이 바라보도록 함이 좋다.

무엇보다 교사는 아이를 깊이 바라보는 게 중요하다. 아이를 깊이 바라본다는 것은 아이를 잘 관찰한다는 것이고, 이는 아이가 처한 상황과 형편, 문제와 갈등에 대하여 눈과 귀를 집중한다는 거다. 그렇게 살펴보면 아이의 모습이 한눈에 들어올 수밖에 없다. 그렇게 해서 어느 정도 분위기가 무르익으면 교사는 슬쩍 빠지고 아이 스스로 문제나 갈등을 해결하도록 이끌면 된다. 그런 원칙만 잘 기억하면 체험현장에서 벌어지는 아이와의 문제는 쉽게 해결할 수 있다. 아래는 '여행으로 크는 아이들, 굴렁쇠[11]'에서 체험학습을 이끄는 교사를 교육할 때 쓴 내용을 모은 건데, 참고로 삼으면 되겠다.

1. 아이를 만날 때

① 아이와 처음 만날 때는 인사와 악수를 하면서 따뜻한 미소를 짓는다. 불필요한 애정표현이나 과도한 스킨십은 되레 해로우니 삼가도록 한다.

② 아이랑 마주하면 눈을 맞춰 아이가 자기를 향하고 있다는 느낌을 받도록 한다. 또한, 아이랑 말할 때는 아이의 키에 맞춰 자세를 낮춤으로써 위압감을 없앤다.

③ 아이가 하는 말은 어떤 말이라도 끝까지 진지하게 들어준다. 즉, 아이와는 대화를 꺼리지 말고 어떤 이야기건 적극 듣도록 한다.

④ 한 아이와 이야기를 나누는데 다른 아이가 끼어들면 얼른 정리한다. 양해를 구한 뒤 급한 아이의 말부터 먼저 들어준 다음 다른 아이의 이야기도 마저 다 들어준다.

⑤ 아이와 이야기할 때는 교사 본인의 생각과 감정에만 빠지지 말고 아이를 중심에 두고 말한다. 교사의 생각과 감정만 이야기하면 애들과는 차츰 멀어짐을 잊지 말아야 한다.

⑥ 아이가 체험활동을 하다가 지치거나 힘들어하면 당연히 쉬도록 배

---

11) 어린이, 청소년의 체험학습을 주로 진행하는 전문단체로 전신은 「어린이신문 굴렁쇠」다. 더 알고 싶으면 www.hikid.net 참조.

려한다. 필요하다면 곁에서 격려와 용기를 북돋운다.

⑦ 어느 아이나 인정을 받고 싶은 인정 욕구가 있다. 아이의 성적과 얼굴, 언행을 떠나 모든 아이를 다 인정해주고, 그 가능성을 일깨워준다.

⑧ 아이를 대할 때는 언제나 한결같이 공정하고 평등하게 대한다. 때로는 부드러운 유연성과 임기응변을 발휘한다.

⑨ 아이는 현장에서 종종 함께 떠난 친구와 갈등을 빚는다. 그때마다 교사는 갈등관계에 처한 모든 아이를 위로하고, 보듬고, 격려하고, 공감하고, 껴안아야 함을 명심한다.

⑩ 어떤 관계에서 비롯된 갈등과 문제는 관계된 애들 스스로 치유하는 게 좋다. 교사는 관계된 애들이 해법을 잘 풀이하도록 도움을 주는 도우미란 걸 잊지 않는다.

⑪ 늘 아이에게 시선을 골고루 두도록 한다. 특히, 한 아이에게만 시선을 고정한다거나, 특정한 아이만 살피는 일이 없도록 한다.

⑫ 아이도 엄연히 인권과 존엄이 있는 사람이다. 그러므로 위급한 상황이 아니면 다른 애들이 보는 앞에서 특정 아이를 꾸짖거나, 몰아세우거나, 다그치지 않는다.

⑬ 아이랑 함께 진행하는 걸 원칙으로 삼는다. 단, 어떤 아이가 혼자 장난치며 놀더라도 전체 진행에 방해가 안 되면 그냥 두되, 진행 후 따로 아이와 이야기를 나눈다.

⑭ 아이의 주의집중은 교사에게 달렸다. 주의가 산만한 아이는 질문을 던져 관심을 두도록 하거나, 교사 옆자리에 앉혀 돌보도록 한다.

⑮ 아이끼리 서로 친하게 지낼 일이다. 아이끼리 욕설과 주먹다짐을 하지 않도록 부드러운 분위기를 유지하고, 안전을 위해서라도 아이

를 적절히 긴장시킨다.

2. 교육할 때

① 체험학습에 생명력을 불어넣으려면 교사의 능력이 필요하며, 그럴 때 아이도 행복하다. 교육내용과 형식을 다양하게 준비하면 아이가 지루하지 않다.

② 대다수 아이는 체험학습의 체험내용보다는 그 자유로움을 더 즐긴다. 준비를 잘했더라도 아이는 다른 것에 더 눈길을 보낼 수도 있다.

③ 아이와 현장에서 어울릴 땐 현장의 사소한 것조차도 훌륭한 교재, 교구가 됨을 명심한다. 사소하고 평범한 것이 단서가 되어 풍요로운 체험활동을 이끌 수 있다.

④ 교사는 체험활동에 관하여 많이 알 필요가 있다. 그러면 이런저런 이야기를 아이랑 재미있게 나눌 수 있어 절로 즐거워진다.

⑤ 교육할 때 자리배치는 아이 모두가 교사를 볼 수 있도록 한다. 또, 현장에 거추장스러운 물건이 있으면 진행이 원활하도록 조용히 처리한다.

⑥ 사고는 예방이 으뜸이다. 위험한 상황은 발견 즉시 아이와 동료 교사에게 주의를 시킬 일이며, 그곳으로부터 떠나거나 안전대책을 마련한다.

⑦ 현장에는 언제나 사건, 사고가 기다리고 있다. 예기치 못한 불의의 사건, 사고가 나더라도 교사는 언제나 침착하게 대처하고, 차분

히 움직여 아이를 안정시킨다.

⑨ 아이와 약속할 때는 지킬 수 있는 약속을 하고, 약속한 내용은 꼭 지킨다. 무엇보다 체험현장에서 약속 시각을 철저히 준수하는 모범을 보인다.

⑩ 교사의 얼굴과 태도, 모습은 체험현장의 아이에게 그대로 전달된다. 체험활동이 설령 힘에 부치더라도 참고, 아이보다 먼저 지친 모습이 비치지 않도록 마음을 쓴다.

⑪ 교사가 무심코 내뱉는 한 마디가 아이의 인생에 영향을 미칠 수 있다. 그러므로 고운 말, 바른말, 좋은 말, 도움이 되는 말을 자연스럽게 하도록 힘쓴다.

⑫ 교육현장에 어울리는 옷차림을 하고, 신발을 신는다. 특별한 사유가 없으면 지나친 화장은 자제한다.

⑬ 아이에게 책임완수를 할 수 있는 일을 준다. 이때 모둠을 중심으로 아이 모두가 두루 일을 나눌 수 있도록 적절히 분담시킨다.

⑭ 아이는 휴대전화나 컴퓨터와 친한 대신 사람을 직접 만나서 소통하는 것에는 아직 취약하다. 사람을 만나 부대끼는데 익숙하도록 아이랑 몸으로 놀아야 한다.

⑮ 교육이 아이에게 몸과 마음의 짐이 되어선 곤란하다. 특히, 체험학습은 현장에서 갖가지 체험활동을 겪도록 하는 것이 주요 목적임을 늘 명심한다.

| 4장 | 현장체험활동을 다녀와서

1. 현장체험학습 후 활동

　책을 읽은 뒤 독후활동을 하는 것과 마찬가지로 체험학습을 다녀오면 체험학습 후 활동(이하 '체험 후 활동')을 하자. 체험 후 활동은 현장에서 겪은 체험활동을 정리하면서 저마다 새로운 감정과 느낌, 생각을 갖게 한다. 아이에게 또 다른 재미로 다가갈 수 있고, 스스로 체험학습을 마무리한다는 의미도 있다. 물론, 체험 후 활동이 판에 박힌 활동, 강요된 활동으로 일관된다면 재미가 없겠으나, 아이가 자유롭게 하도록 이끌면 멋진 성과로 남을 터다.

체험 후 활동은 체험활동을 다녀온 직후에 하는 것이 바람직하며, 시간이 너무 흐르면 체험활동 당시의 감동이나 감정, 활동기억이 제대로 떠오르지 않으므로 현장에서 돌아온 뒤 바로 할 수 있도록 배려하자.

체험 후 활동은 마치 복습과도 같다. 체험활동에서 배운 것을 기초로 더 풍부한 지식과 정보를 찾을 수 있으며, 이런저런 성과물도 만들 수 있어 일석이조, 일석삼조라 할 수 있다. 특히, 체험활동과 관련된 내용을 일관된 흐름으로 제공하면 아이도 자신이 한 체험을 쉽게 정리할 뿐만 아니라 저만의 또 다른 체험활동을 즐길 수 있다. 그러므로 체험학습을 다녀온 뒤에는 시간이나 여건이 만만치 않더라도 체험 후 활동을 꼭 하도록 하자.

1) 글쓰기

아이는 자기 마음의 속내를 글쓰기를 통해 풀어놓음으로써 스트레스나 상처, 분노와 울분, 소외와 아픔, 어려움과 힘듦을 속 시원히 풀 수 있다. 그래서 글쓰기는 아이가 상처받은 마음을 스스로 치유하는 한 방법이 되며, 자신을 되돌아보는 거울이 된다.

아이에게 글쓰기를 시킬 때는 다녀온 체험학습을 되돌아보고, 크게 두 가지 조건을 잘 고려한 뒤 실행하자. 하나는 내용이요, 하나는 형식이다. 전자는 체험학습의 내용이 그 주요 부분이고, 후자는 체험학습의 내용을 담는 형식과 관련된 부분이다.

체험학습 후 글쓰기 활동에서 체험학습에서 겪었던 내용만 반드시 들어가야 하는 건 아니다. 교사의 관심과 고민에 따라선 그 체험활동과 직접 관련된 것은 아니더라도 얼마든지 연관된 다른 이야기를 써내려갈 수 있다. 이르자면 유관순 열사와 관련된 체험학습을 했다고 치자. 그러면 아이는 우리를 괴롭힌 일제의 만행에 대하여 알게 된다. 그럴 때 글쓰기 주제거리로 아이의 생활과 맞닿은 걸 고민하는 거다. 즉, '우리 둘레에서 아이를 괴롭히는 어른', '친구를 못살게 구는 친구', '나쁜 짓을 하고도 되레 큰소리치는 사람'처럼 아이의 현실과 맞아떨어지는 특정한 주제를 정해서 아이에게 글쓰기를 시킬 수도 있다. 과거의 역사를 통해 현재의 우리 둘레를 살피는 방식은 체험현장에서만 하는 게 아니라 체험 후 활동에서도 얼마든지 이어질 수 있다. 현장에서 배운 걸 써먹을 수 없다면 과거의 역사는 한낱 죽은 지식에 불과하다.

따로 글쓰기 주제를 정해주는 형식이 아니라면 아이가 자유롭게 글쓰기를 하도록 이끌자. 여러 가지 형식을 소개하고, 저마다 쓰기 편한 걸 고르게 하면 된다. 여기에 소개되지 않은 형식을 추가할 수 있음은 물론이다. 일단, 형식이 정해지면 글감을 고르고, 글감이 정해지면 그 글감에 얽힌 이야기를 자세히 그리고 차분히 쓰도록 이끌면 그만이다.

핵심은 자세히 쓰기다. 체험활동이 그냥 재미있었다거나, 체험활동으로 이것도 하고, 저것도 하거나에 머물면 좋은 글이 나올 수 없다. 그 상황이나 벌어진 장면에 대하여 자세히 관찰하여 자세히 쓰도록 할 때 감동이 담긴 글이 나온다. 따라서 자세히 쓰도록 격려만 해줘도 글쓰기는 충분히 그 목적을 달성하고도 남는다.

첫째, 체험감상문이다.

독서활동 후에 이루어지는 독후감을 떠올리면 쉽게 이해된다. 체험학습을 하러 떠난 날의 모든 경험과 기억, 추억이 다 글감이다. 그날 보고, 듣고, 하고, 맛보고, 만들고, 겪고, 느끼고, 생각한 그 모든 게 글의 소재이므로 마음 편히 정해서 쓰도록 한다. 감상문이라 해서 딱히 모든 일정이 다 들어가야 한다는 법은 없다. 아이가 생각하고, 보고 들은 그대로 적을 수 있도록 분위기를 이끌면 어떤 글이건 훌륭한 감상문이 나오기 마련이다.

둘째, 생활 글이다.

형식과 내용에 자유로움이 있어 편하게 쓸 수 있다. 글감을 한 가지만 집중해서 써도 되고, 전체 일정을 자유로이 써도 그만이다. 시간이 모자라면 하나의 글감에만 집중해도 괜찮으며, 때로는 하나의 글감에만 집중하면 더 좋은 결실을 얻을 수도 있다. 그러니 부담이 적은 글쓰기인 셈이다. 그렇다고 해서 생활 글이 쉽다는 건 아니다. 글감을 자세히 쓰도록 이끌면 얼마든지 감동을 주는 글을 얻을 수 있다는 말이다.

셋째, 일기다.

말 그대로 체험학습을 떠난 그날의 일기를 적는 거다. 가장 익숙한 형식이라 곧잘 쓴다. 날짜와 날씨를 보다 정확하게 쓴다는 것을 빼면 사실 생활 글과 큰 차이가 없다. 단순히 '어디에 들렀다, 무엇을 했다.'로 끝나지 않도록 들린 곳에서 한 일, 겪은 일, 본 일, 들은 일, 느낀 일, 마음에 남는 일을 더 자세히 적도록 이끄는 게 필요하다. 뭔가를 했다면 어디에서, 무엇을, 누구랑 했는데 어떤 문제나 어려움, 즐거움과 기쁨이 있었는지를 적도록 하자. 일기로 썼다면 굳이 확인할 필요는 없다.

넷째, 편지다.

부모님이나 형제, 친구나 자기 자신에게 보내는 편지다. 꼭 하고 싶은 말을 전하는 게 핵심이다. 자기가 겪은 체험활동 중에서 기억에 남는 것을 편지로 알리면 된다. 현장에서 겪은 체험이나 만난 사람, 벌어진 사건이나 사고에 대하여 자유로이 쓸 수 있도록 분위기만 조성하면 자기 자신 혹은 타인에게 보내는 멋진 편지를 볼 수 있다.

다섯째, 기사다.

기사는 그 형식에 특징이 있는 글쓰기이므로 몇 가지 형식을 갖추어야 한다. 즉, 육하원칙에 의한 글쓰기를 지킬 일이고, 체험활동에서 겪은 내용에 대한 사실의 전달이 중요하다. 보도기사처럼 육하원칙만 쓰고 말 건지, 인터뷰기사처럼 체험활동에 관련된 인물에 대한 글을 쓸 건지, 르포기사처럼 체험활동 전체를 스케치하듯 쓸 건지, 사설처럼 체험활동에 대한 분석이나 비판을 쓸 건지부터 정할 일이다. 기사니만큼 아이의 감정이 빠지고, 최대한 사실의 전달에 치중하도록 이끈다. 현장에서 수집한 정보와 자료, 입장권이나 팜플릿, 안내도 같은 게 모두 소중한 기사자료임을 깨닫고 모으도록 이끌자. 현장에서 이해가 덜 가거나, 의아한 것이 있으면 그때그때 물어 취재자료를 최대한 많이 모으도록 신경을 쓴다.

여섯째, 보고서다.

한 마디로 체험학습보고서다. 현장에서 겪은 체험을 보고서로 쓸 때도 기사 쓰기처럼 현장에서 모은 정보와 자료가 필요하다. 보고서에는 다음과 같은 것이 기본적으로 들어가는 게 좋다. 육하원칙처럼 언제(체험날짜), 어디서(체험장소), 누가(체험을 한 사람), 무엇을(체험대상), 왜(체험목적이나 동기), 어떻게(체험방법), 했다(체험내용)처럼 일목요연하게 정리할 필요가 있다. 거기에 누가 연 행사에 갔는지, 오가는 교통편은 무엇인지, 체험하기 전 사전에 모은 자료와 학습 내용은 어떤 것이며, 현장의 체험활동 시설은 어떤지, 체험활동의 과정은 어떤지, 경비는 어느 정도였는지에 대해서도 언급하면 보고서로 훌륭한 글이다. 대략 이런 틀만 잡아주면 아이는 알아서 글을 쓴다. 단, 지나치게 보고서란 형식에 집착하면 아이가 되레 보고서를 꺼리게 된다. 그러므로 사진도 붙이고, 그림도 그리고, 더 자유롭게 해도 괜찮다는 것을 인식시키는 게 중요하다.

2) 그리기

독후감상화처럼 체험 후 활동으로 널리 쓰이는 것 중의 하나가 그리기다. 글쓰기와 마찬가지로 그림 또한 아이에게 긍정적인 영향을 미친다. 미술로 마음치유도 가능한 세상이지 않은가! 여기에 소개된 것 말고도 얼마든지 다른 그리기 활동을 할 수 있다.

첫째, 그리기다.

체험학습에서 있었던 일이나 체험활동의 내용을 스케치, 크로키 할 수도 있고, 멋지게 수채화로 감상을 그릴 수도 있다. 그리기는 현장에서 겪은 체험활동을 예술 활동으로 승화시키는 역할도 한다. 현장에서 찍은 사진을 바탕으로 사실화처럼 현장의 장면을 사실 그대로 그릴 수도 있고, 그와 달리 현장에서 벌어진 것에서 더 나아가 상상하여 그릴 수도 있다. 그리기 또한 형식을 지나치게 고집하거나, 한 방향으로만 유도하면 그 재미가 반감될 수 있으므로 아이의 창작성을 최대한 살리는 그리기로 이끌도록 하자. 또한, 그리기라 하여 꼭 도화지에다 그려야 하는 건 아니다. 도자기가 있다면 도자기에다 그림을 그려도 좋을 것이며, 학교 담벼락에 벽화를 공동으로 그릴 수도 있다. 도화지에다 그리더라도 현장에서 채집한 나뭇가지나 잎, 기타 사물을 이용하여 입체화를 그릴 수도 있다. 이처럼 형식이나 내용에 구애받지 말고, 아이가 마음껏 창의성을 살려 그릴 수 있도록 함이 바람직하다.

둘째, 만화다.

만화는 만평, 삽화, 4단 만화, 연작 어느 것이나 괜찮다. 어느 형식을 취하건 아이가 자유로이 정하면 된다. 본래 만화는 캐릭터를 정하고, 그에 따른 내용을 구상한 다음 그려야 하므로 생각보다 쉽지 않은 활동이다. 그런 까닭에 엄하게 형식을 고수하면 그 형식에 맞추기 위해 더 많은 고민과 생각을 해야 하므로 자칫 아이가 지치기 쉽다. 그러므로 형식은 자유로이 하되, 그 내용이 무성의하게 흐르지 않도록 이끌어야 한다. 이르자면 4단 만화는 단순히 여기저기를 가 봤다는 내용보다는 어느 장면에서 무엇을 했는지 그 핵심을 자세히 그리도록 이끌면서 구체화된 장면을 떠올리도록 하면 만화를 그리는데도 도움이 될 뿐 아니라 새로운 상상을 보태는데도 곧잘 이바지한다.

셋째, 지도다.

지도 그리기는 다소 생소할 터다. 그러나 지도를 그려보면 아이가 변하는 것을 쉽게 느낄 수 있다. 왜냐하면, 지도를 그리기 위해선 현장을 자세히 관찰하기 때문이다. 지도를 그리다 보면 둘레 환경에 관한 관심이 증가한다. 새삼 자기가 살던 마을이며, 체험현장을 새롭게 보며, 둘레 현장을 허투루 보다가 차츰 관심을 두고 지켜보게 된다. 또한, 전체의 구조를 알 수 있게 돼 일의 대강을 배우는데도 도움이 된다. 지도 그리기도 여러 가지가 있지만, 핵심은 체험현장의 지도를 그리는 거다. 현장 모두를 그릴 수도 있고, 현장의 한 부분만을 따로 뽑아 그릴 수도 있다. 코기로 낙안읍성 민속체험지도 그리기, 공산성의 생태지도 그리기처럼 현장을 다녀온 뒤 그 주제에 맞춰 지도를 그리면 된다. 지도를 그릴 떠는 모둠을 나눠 여러 사람이 기억을 되살리고, 찍어온 사진을 활용하면 더 수월하다. 모둠별로 주제를 나누거나, 현장의 부분을 나누어도 괜찮다. 지도 그리기가 생소하면 현장의 백지도를 확보하여 주요 체험현장을 표시하거나, 식당이나 편의시설, 수목을 표시하도록 하는 것도 한 방법이다. 더 나아가 그런 것들을 기호로 표시하거나, 아니면 새로운 방법을 동원해도 그만이다. 몇 차례만 연습하면 아이 스스로 문화지도를 그리는 게 그리 어렵지 않다. 주의할 점은 기호와 축적을 강조하면 외면할 수도 있으므로 편하게 그릴 수 있도록 하자.

3) 만들기

체험 후 활동으로 많이 하는 것 가운데 하나가 각종 만들기다. 만들기는 현장에서도 체험하지만, 체험 후 활동으로도 할 수 있다. 만들기 활동은 아이가 지겨워하지도 않고, 제 몸을 이용해 하므로 창의력과 집중력 향상이 잘 된다. 다만, 만들기에 따라선 시간이 오래 걸릴 수도 있으므로 그에 따른 시간배정을 잘해야 한다.

첫째, 각종 공예다.

공예재료는 일상에 널려 있을 정도로 많다. 종이나 신문지, 성냥개비나 수수깡, 골판지나 철사, 찰흙이나 벽돌, 나무나 돌, 재활용품이나 생활용품, 음식물이나 자연물을 이용한 공예처럼 그 재료가 많다. 그런 재료를 갖고서 할 수 있는 것 또한 많다. 건축체험활동을 했다면 집 짓기를 해볼 수 있다. 집을 짓는 활동은 종이로도 할 수 있고, 수수깡이나 찰흙으로도 가능하다. 생태체험을 하고 왔다면 철사나 나무로 화분이나 곤충집을 만들 수도 있다. 역사체험활동을 했다면 솜이나 천, 철사로 위인조각을 만들 수 있으며, 박물관을 다녀왔다면 비즈를 이용해 목걸이나 팔찌 만들기를 해도 괜찮다. 동물원을 다녀온 뒤라면 신문지로 동물 모양을 만들 수도 있고, 사찰을 다녀왔다면 나무로 탑을 만들 수도 있다. 민속마을을 다녀왔으면 스티로폼을 이용해 가면을 만들 수도 있고, 공연을 본 다음이라면 종이 찰흙으로 인형을 만들 수도 있다. 이처럼 현장에서 체험활동을 마친 다음에 교실로 돌아와서 할 수 있는 공예 활동은 그 종류나 방법, 재료가 무궁무진할 정도로 많다.

둘째, 앨범 만들기다.

체험학습을 다녀온 뒤에 현장에서 찍은 사진을 보면 역사와 기록이 담겨 있다. 이런 사진을 잘 활용해 앨범 만들기를 해보자. 시중에 판매하는 앨범처럼 잘 만들려면 재료에 따른 경비가 많이 들어가므로 저마다 처지와 형편에 맞추어 하는 게 좋다. 이왕이면 아이가 직접 제 손으로 만드는 앨범이라야 그 의미가 더하다. 앨범으로 쓸 재료로는 스케치북도 괜찮고, 연습장도 그만이다. 자신이 찍은 사진을 출력해서 적당한 크기로 잘라붙이면 끝이다. 단, 사진 아래에는 그 사진과 관련된 설명글을 짧더라도 한두 줄씩 덧붙이도록 이끌자. 그러면 영원히 기억에 남는 나단의 앨범이 탄생한다. 멋을 부리려면 그림이나 삽화, 스티커를 붙여도 좋다. 좀 더 색다른 앨범을 만들고 싶다면 체험현장에서 가져온 물건이나 소재를 앨범에다 꾸미는 것도 한 방법이다.

셋째. 음식 만들기다.

이 활동은 쉽게 할 수 있는 게 아니다. 학생 수가 많은 학급이라면 고려하기 어렵다. 그러나 체험 후 활동으로 꼭 필요하다고 판단되면 도전해 볼 만하다. 전통음식이나 음식문화를 견학하였다거나, 김치박물관으로 갔다거나 할 때 할 수 있다. 다만, 음식 재료를 미리 구입하고, 손질까지 해 두어야 진행이 원활하다는 것, 음식 만들기를 할 때 쓸 요리도구와 설비가 마땅찮다는 점, 음식을 미리 보관하기도 어렵다는 등의 애로가 존재한다. 또, 안전을 고려해서 최소한의 요리도구를 갖추고, 음식의 양도 필요한 만큼만 준비함이 좋다. 필요하다면 학부모를 초청해 함께 활동하는 것도 한 방법이다. 상대적으로 쉬운 음식 만들기는 수제비나 전이다. 아이마다 자기가 먹을 그릇을 준비시키고, 그 그릇에다가 밀가루와 필요한 재료, 물을 줘서 스스로 반죽하도록 한다. 요리도구를 만지다가 화상을 입을 수도 있으므로 그런 부분은 학부모와 교사가 대신하면 된다. 만약, 김치를 만든다면 교실 전체를 통틀어 미리 그 전날 소금물에 재워 둔 배추 서너 포기면 충분하며, 자기가 먹을 만큼만 배춧잎과 양념을 나눠주도록 하자. 솔직히 음식 만들기는 워낙 제약이 많은 활동이라 어려움은 크지만 대신 아이의 관심을 끌기에는 충분한 활동이다.

4) 공연하기

체험학습을 다녀와서 뭔가 색다른 체험 후 활동을 하고 싶다면 공연을 해도 된다. 공연은 그 준비기간이 길며, 준비기간 동안 할 일도 많지만 대신 집중도, 성취감, 만족감이 상당히 높다. 공연할 때는 모든 아이가 골고루 참여하는 것이 바람직하며, 현실여건이 허용되지 않는다면 희망하는 아이를 상대로 따로 준비할 수도 있다.

첫째, 연극이다.

체험학습을 마친 뒤 그 과정을 그대로 재현할 수도 있고, 다른 느낌을 살려 새롭게 만들 수도 있다. 연극을 진행하려면 현실적으로 촌극이 가장 쉽다. 모둠을 나눠 모둠별로 촌극을 짜는 게 간단하다. 체험활동에서 겪은 내용이나 사건, 사고를 중심으로 소재거리를 유도하면 금방 대본을 짜고, 즉석에서 연기과정을 거쳐 발표할 수 있다. 그리고 다수가 참여하는 연극이나 마당극도 가능하지만, 대본작성, 연기연습, 연습시간, 공연 장소처럼 풀어야 할 숙제가 많으므로 쉽지는 않다. 그럴 때는 아예 작정하고 며칠 이상 시간을 내어야 한다.

둘째, 예능이다.

체험활동의 감흥을 예능으로 다시 엮어내는 거다. 현장에서 체험한 여흥을 예능으로 표현한다는 것도 말처럼 쉬운 게 아니다. 그러나 아이의 마음과 느낌을 자유롭게 표현할 수 있도록 허용한다면 못할 일도 아니다. 그래서 아이가 체험 후의 느낌을 잘 살릴 수 있게끔 도와주는 게 가장 먼저 할 일이다. 그런 다음 저마다 재주껏 예능으로 표현하도록 유도하자. 예능 활동의 하나로 춤을 출 수 있다. 체험현장의 감흥을 몸에 맡겨 제 마음껏 춤추게 하는 거다. 물론, 이야기가 묻어나는 춤까지 이어가기엔 어려움이 많더라도, 춤추는 과정에서 아이는 저마다 달리 성장할 수 있다. 전체나 모둠으로 나눠 춤을 발표할 수도 있으나 그럴 때는 시간 여유가 관건이다. 또 다른 예능 활동으로 노래를 들 수 있다. 노래는 가사를 바꿔 부를 수도 있고, 실력이 있다면 작곡을 할 수도 있다. 개인별, 모둠별, 전체 합창으로 할 수도 있다. 악기연주도 가능하다. 전통예술을 배우고 난 다음 단소나 피리를 만들어 같이 불어볼 수도 있고, 기타를 배워 연주할 수도 있다.

체험 후 활동이라도 연습할 시간과 의지만 있다면 굳이 한두 시간이 아니라 여러 시간을 할애하여 종합공연을 펼칠 수도 있다. 그럴 때는 연극과 예능을 한데 엮어 할 수 있으며, 저마다 끼를 발휘해 또 다른 공연을 체험 후 활동으로 만들 수 있다.

5) 정보 알기

체험학습을 마친 뒤 뭔가 좀 부족한 정보가 있다거나, 더 알고 싶은 지식이 있다면 당연히 찾아봐야 한다. 그런 활동도 다양한 방식이 있다. 도서관에서 전문적인 책이나 자료를 찾아보는 활동, 인터넷으로 다른 사람의 경험을 공유하는 활동, 다른 사람의 체험이야기를 들어보는 활동, 전문가를 초청하여 강연을 듣는 활동처럼 여러 가지가 있을 수 있다.

첫째, 책 읽기다.

체험학습을 마친 다음 도서관을 이용해 필요한 정보나 지식을 스스로 찾아보게 하는 활동이다. 체험활동을 통하여 더 알고 싶거나, 몰랐던 것을 새삼 찾아봄으로써 스스로 학습을 하는 의미가 강하다. 다 같이 도서관이나 대형서점을 찾아가 활동해도 괜찮다. 책을 읽은 다음 새로 안 정보나 지식, 더 첨부하고 싶은 정보나 지식을 공유하는 시간을 가지면 그 성과를 좋게 거둘 수 있다. 더 나아가 자료집이나 소식지, 보고서로 내도 괜찮다.

둘째, 인터넷 검색하기다.

인터넷 검색을 통하여 체험학습 후 필요한 정보와 지식을 모으는 활동이다. 책 읽기가 간접체험정보와 지식을 찾아보는 과정이라면 인터넷 공간을 이용하는 방법은 인터넷 이용자가 올린 직접체험정보와 경험을 알아보는 과정이다. 똑같은 체험활동을 했더라도 사람에 따라 생각이나 느낌, 평가가 다를 수 있다. 그런 대목에서 다양한 체험활동에 관한 이야기나 의견, 생각을 알아볼 수 있어 체험활동을 마무리하는데 보탬이 된다. 스스로 찾아본 인터넷 자료와 정보를 공유하는 시간을 갖도록 하고, 그 성과를 가상공간에다 축적하면 훌륭한 정보센터가 만들어진다.

셋째, 동영상 보기다.

체험활동과 관련된 동영상물을 시청하는 거다. 영화나 다큐멘터리,

기록물이나 생생한 동영상자료를 보면서 실제로 겪은 체험활동과 비교하고, 더 자세하고 상세한, 더 전문적인 체험활동을 살펴볼 수 있다. 경우에 따라서는 실제 체험한 활동에 대한 생각과 고민을 이어갈 수도 있다. 똑같은 체험활동이라도 아이가 겪은 체험활동의 내용이나 방법 말고도 얼마든지 다른 내용과 방법이 존재할 수 있음을 깨우쳐주므로 다양한 시각을 제공한다는데 의미가 깊다. 동영상물을 본 다음에는 전체가 모인 자리에서 모임별 토론결과를 발표하는 자리를 가진다.

넷째, 강연이다.

체험한 것에 대하여 더 높은 지식이나 정보를 알고 싶을 때, 체험활동과 관련하여 남다른 체험이나 경험을 듣고 싶을 때 전문가를 초청해 강연을 듣는 것이다. 살아있는 정보를 체험 후 현장에서 다시 되살려내면서 저마다 겪은 체험활동을 정리한다는데 의미가 크지만, 아쉽다면 무료초청강연이 아닐 때 경비가 많이 든다는 단점이 있다. 오늘날 우리 사회에는 자기가 가진 재능을 기부하려는 사람이 많으므로 발품을 좀 판다면 충분히 가능하다.

6) 자료집 만들기

체험학습 후 이루어지는 활동은 때에 따라서는 보물처럼 아까운 작품이 많다. 그럴 때 작품을 한데 모아 자료집을 만드는 것도 괜찮다. 모든 아이의 작품이 다 들어가면 가장 바람직할 것이고, 필요에 따라 우수한 작품을 선정하여 자료집을 만들 수도 있다. 또, 개인자료집을 만들 수도 있고, 모둠이나 전체 자료집을 제작할 수도 있다. 나아가 자료가 쌓이고, 역량이 는다면 신문이나 잡지 형태로 발전시킬 수 있다.

실제로 여기선 신문과 잡지 만들기가 따로 없지만 자료집을 만들 정도면 얼마든지 신문과 잡지 만들기에 도전할 수 있다. 신문과 잡지 만들기도 기본 틀은 자료집 만들기와 같고, 편집회의를 중심으로 진행하면 된다. 체험활동이나 체험현장에 관한 원고청탁에서부터 취재하기, 기사 쓰기, 사진 찍기와 동영상 촬영을 보태면 능히 신문이나 잡지를 제작할 수 있으며, 나아가 인터넷 방송까지도 가능하다. 여기선 그렇게 신문과 잡지, 방송 만들기가 있다는 것만 확인하고, 자료집 제작을 중심으로 살펴본다.

첫째, 인쇄자료집이다.

이 경우는 체험학습에 참여한 아이가 모두 참여하는 걸 원칙으로 삼는다. 아이가 쓴 글이나 찍은 사진, 그린 그림이나 만화를 이용해 만들 수 있다. 자료집을 제작할 때는 아이를 모둠으로 나눈 뒤 모둠마다 필요한 안을 내도록 하여 적절히 역할을 나누어야 서로 중복이 되거나, 빠지는 걸 막을 수 있다. 다양한 작품을 자료집에 싣기 위하여 모둠 활동과는 별도로 자료집 준비모임을 따로 꾸려 아이 가운데 몇 명이 활동하도록 하면 자료집을 내기가 수월하다. 기획회의에서 원고나 그림, 사진수집과 정리, 편집에 이르기까지 함께 하도록 한다.

둘째, 디지털자료집이다.

체험학습에 참가한 아이가 모두 약속된 가상의 인터넷 공간에 자료를 올리고, 그 올린 자료를 바탕으로 별도로 꾸민 준비모임에서 자료집을 만드는 과정이다. 아이는 인터넷 환경에 능숙하므로 보다 활발한 작품 활동을 유도할 수 있으며, 인쇄자료와 달리 수정과 보완이 쉽게 이루어진다. 무엇보다 모든 아이가 관심을 갖고 쉽게 접근할 수 있어 아이마다 제 작품을 스스로 수정하고, 개선하도록 되풀이하면 작품의 완성도도 높일 수 있다. 또한, 블로그나 카페, 홈페이지나 SNS를 통해 저만의 자료집을 만드는 것도 한 방법이다.

7) 전시하기

전시활동은 체험 후 활동으로 생겨난 자료를 바탕으로 전시를 여는 활동이다. 그러니 체험학습의 체험활동에 대한 일종의 정리발표인 셈이다. 전시활동은 아이로 하여금 자신감을 갖도록 해주며, 보람과 성취욕을 북돋우게 된다. 거창하게 무슨 전시공간을 빌려 전시하는 게 아니라 학교와 학원의 교실이나 복도를 이용하여 전시하는 것이 효과적이다. 물론, 필요하다면야 언제든지 전시공간을 대여해 활용할 수도 있다.

전시할 작품으로는 글이나 그림, 만화나 사진, 공예품처럼 여러 가지가 있다. 가능하면 모든 아이가 저마다 자기 작품을 한 점 이상씩 낼 수 있도록 유도하고, 작품마다 아이의 이름과 주제, 작품에 대한 간단한 설명을 곁들이면 좋다. 전시가 끝난 작품은 집으로 가져가도록 하고, 괜찮은 작품은 아이와 상의하여 교실이나 복도에 전시를 이어가도 된다.

2. 평가

  체험학습을 마친 뒤 평가절차는 반드시 필요하다. 평가에는 평가와 비판, 반성과 과제, 대안을 도출하는 것이 포함된다. 이런 평가과정을 거침으로써 다음 체험학습에서는 더더욱 알찬 준비를 할 수 있는 토대가 형성된다. 평가는 체험학습이 진행되는 것과 마찬가지로 세 가지 부분으로 나누면 된다. 체험학습 전 활동에 대한 평가, 체험학습 중 체험활동에 대한 평가, 체험 후 활동에 대한 평가가 그것이다. 교사와 학생에 관하여 특별히 더 세밀한 평가가 필요하다면 추가로 평가항목을 덧보태면 된다.

  평가할 때 주의할 것은 관성이나 타성에 젖은 평가와 대안 도출을 삼가자는 것이다. 그런 부분은 평가하는데 아무런 도움이 되지 않으며, 실제로 그렇게 진행된다면 굳이 평가할 까닭이 없다. 그러므로 평가는 실제 활동을 중심으로 구체적이고, 뚜렷하게 진행됨이 마땅하며, 지적된 사항이나 문제가 제기된 부분에 대해서는 진정성을 갖고 서로 머리를 맞대어 해결책을 모색함이 바람직하다. 그럴 때 체험학습의 질은 높아지며, 체험학습이 즐겁고 신나는 교육으로 발전할 것이다.

1) 현장체험학습 전 활동 평가

먼저 검토할 부분은 체험학습 계획서다. 계획을 세울 때는 어디까지나 잠정적으로 세우는 것이라 실제 상황과는 많이 다를 수 있다. 그런 부분을 평가하고, 다음부터는 그렇게 차이가 나는 부분을 줄이기 위한 방향과 대안, 노력을 준비하면 된다. 이렇게 평가과정을 몇 차례 거치고 나면 차츰 계획서의 내용과 실제 상황이 제대로 맞아떨어지게 되므로 계획한 대로 체험학습 일정을 원활히 진행할 수 있다. 처음부터 계획한 부분과 실제 상황이 다르다고 해서 실망할 필요는 전혀 없으며, 꾸준히 노력해서 계획과 실제가 비슷해지도록 하면 된다. 그리고 평가는 가능하면 문서로 작성해 보관함이 좋다. 그러면 평가한 자료가 축적되고, 축적된 만큼 새로운 체험학습 계획을 세울 때 시행착오를 줄일 확률이 높아진다. 그럼 계획서와 관련해 어떤 부분을 평가하는 게 좋을지 알아보자.

첫째, 체험학습 계획서의 개요 부분에 대한 평가다.

체험학습의 성패를 가늠할 방향인 목적 설정은 옳았는지, 체험활동의 내용은 제대로 찾았는지, 체험활동의 실제 현장은 어땠는지, 체험활동의 일정은 무난했는지, 행여나 시간에 쫓기거나 반대로 시간이 남지는 않았는지 등을 평가한다.

둘째, 체험학습을 떠나기 전 교사가 행한 사전학습에 대한 평가다.

교사가 사전에 학습한 자료는 어디에서 어떻게 찾았는지, 해당 자료가 체험활동에 보탬이 되었는지, 사전학습을 할 시간적 여유는 있었는지, 사전학습에 어떤 애로가 있지는 않았는지 등을 평가한다.

셋째, 체험학습을 떠나기 전 아이에게 행한 사전수업에 대한 평가다.

사전수업의 교안과 교재, 교구는 어땠는지, 시간과 학습 분량은 적절했는지, 현장에서 체험활동을 할 때 사전학습의 효과가 있었는지, 예기치 못한 상황이나 모자란 부분은 없었는지 등을 평가한다.

넷째, 사전답사에 대한 평가다.

사전답사를 가서 확인할 사항을 제대로 살펴봤는지, 사전답사에 참가한 인력이나 소요시간, 경비는 어땠는지, 사전답사를 갈 때 개선이 되었으면 하는 사항은 무엇인지, 사전답사 때 현장 및 지역과의 협력체계는 원활히 돌아가도록 점검했는지 등을 평가한다.

다섯째, 체험현장에서의 교재와 교안, 교구에 대한 평가다.

교안작성이 지나치게 형식에만 집착하지 않았는지, 교안대로 현장에서 잘 진행되었는지, 구체적인 세부 체험프로그램의 기획과 진행, 성과가 교안대로 실행되었는지, 교안에 드러난 문제점은 무엇인지 등을 평가한다. 교재는 크기와 모양, 디자인은 어땠는지, 내용이 현장체험에 보탬이 되었는지, 교재를 제작할 때 시간이나 노력, 경비는 어느 정도 투자했는지, 교재에 추가 또는 삭제해야 할 사항은 없는지, 부족한 부분과 개선할 부분은 무엇인지 등을 평가한다. 교구는 현장의 체험활동에 적합한 교구였는지, 불필요하고 거추장스럽진 않았는지, 더 나은 교구 활용을 위한 방법이나 대안은 무엇인지 등에 대하여 평가한다.

여섯째, 준비물에 대한 평가다.

공동준비물을 준비하는데 모자라거나, 지나치게 남았던 것은 무엇이며 왜 그런 상황이 벌어졌는지, 공동준비물로 추가하거나 삭제를 했으면 하는 것은 무엇인지, 공동준비물을 준비하는 과정이나 시간, 인력이나 경비에 개선할 지점은 없는지 등을 평가한다. 이어, 개인준비물에 대한 평가다. 교사의 개인준비물에 불필요한 것은 없었는지, 새로 추가되었으면 하는 건 무엇인지, 개인준비물을 준비함에 새로운 방법이나 방안은 없는지 등을 평가한다. 그런 다음 아이의 개인준비물에 대한 평가를 이어간다. 아이가 준비할 준비물이 과다 또는 과소하지 않았는지, 새로 추가 혹은 삭제되었으면 하는 준비물은 무엇인지, 준비물을 전달하는 과정에 학부모와 원활히 소통하였는지, 준비물을 빠트린 아이에 대한 대처는 제대로 하였는지 등에 대한 평가를 진행한다.

일곱째, 교사에 대한 평가다.

체험학습을 기획하고, 준비하는 과정에서 교사끼리 역할을 분명히 하였는지, 상호 협력체계가 원활히 기능하였는지, 자세와 태도에서 서로 마음 상하거나 언짢은 부분은 없었는지, 준비과정에서 담당교사나 참여교사의 역량에서 드러난 문제점은 무엇인지, 조직체계나 비상연락망은 문제가 없었는지 등에 대하여 평가한다.

이렇게 하면 다음 체험학습을 떠날 때 이를 바탕으로 삼아 체험학습

계획서를 보다 실제에 가깝게 기획할 수 있으며, 시행착오를 충분히 줄일 수 있다.

2) 현장체험학습 중 체험활동 평가

체험학습을 떠나기 전의 활동에 대한 평가가 끝나면 이어서 체험학습을 진행할 때의 전체 상황에 대한 평가로 넘어간다. 실제로 체험학습을 떠난 뒤에는 많은 사건과 사고도 생겼을 터고, 진행하면서 생겨난 에피소드나 시행착오도 드러나기 마련이므로 평가할 대목이 많다. 무엇보다 교사와 학생, 교사와 교사, 교사와 체험현장의 인맥관계 전반을 다루어야 하기 때문에 때로는 평가항목이나 평가대상, 평가관점에 대한 입장 차이를 현격하게 드러낼 수도 있다. 그럴 때는 서로 왜 그런 차이가 나타나는지를 유심히 관찰하고, 아이의 성장과 발달에 도움이 되는 쪽으로 고민을 모아가면 입장 차이를 극복할 수 있음은 물론, 새로운 방향과 대안제시도 수월해진다. 그럼 어떤 부분을 중심으로 평가하면 좋은지 알아보자.

첫째, 집결장소에서 있었던 일에 대한 평가다.
교사끼리 미리 모여서 일정을 점검하고 준비물을 이동시키는 과정은 어땠는지, 운전기사와 사전에 만나 협력을 요청하는 부분은 어땠는지, 학부모와 인사를 나누며 일정에 대한 소개를 한 부분은 어땠으며, 출발하기 전 좌석 배치와 관련하여 별다른 문제는 없었는지, 아이의 건강 상태나 기분에 대한 점검은 제대로 되었는지 등에 대하여 평가한다.

둘째, 오가는 길에 대한 평가다.

먼저 차량에서 벌어진 일들에 대해 평가를 한다. 차 안에서 행한 프로그램의 진행과 반응은 어땠는지, 차 안에서 아이의 상태에 대한 점검은 잘 마쳤는지, 차량 질서와 청결은 어느 정도 준수되었는지 등에 대해 평가를 하도록 한다. 그리고 휴게소로 들어갔을 때 차량 추돌과 관련된 안전지침은 잘 지켜졌는지, 휴게소 내 지침은 무난하게 이루어졌는지, 휴게소에서 소지품 분실처럼 불미스런 일은 생기지 않았는지, 만약 그런 일이 생겼다면 그 처리 과정은 어땠는지 등에 대한 평가를 이어간다. 그리고 도착과 관련하여 학부모와 서로 연락이 무난하였는지, 학부모와 혹시라도 갈등관계가 생기지는 않았는지, 운전기사와는 협조가 잘 이루어졌는지, 안전운행과 관련하여 과속이나 난폭운전은 없었는지, 운전기사에 대한 관리나 대접에 소홀한 점은 없었는지 등에 대해 평가를 한다.

셋째, 안전에 대한 평가다.

먼저 차량안전이다. 멀미나 차내 안전에 대한 대비와 대처는 어땠는지, 건물이나 시설물과 관련된 안전은 어느 정도 잘 지켜졌는지, 놀이를 하거나 체험활동을 할 때 안전하였는지, 식사나 간식과 관련하여 음식물 안전은 괜찮았는지, 안전사고가 발생했다면 그에 따른 대처나 응급처방은 어떠하였는지 등을 평가하고, 앞으로의 안전문제에 대한 대책을 마련한다. 아울러 자연생태를 비롯해 현장을 오손 또는 훼손한 부분은 없었는지에 대하여도 평가하며, 환경안전에 대한 후속대책을 세우도록 한다.

넷째, 현장의 체험활동과 관련된 평가다.

현장에서 지켜야 할 원칙들은 제대로 준수되었는지, 체험활동의 유형에 따라 그 내용과 형식, 과정과 진행상황이 무난하였는지, 체험활동이 아이의 눈높이나 역량에 맞게 진행되었는지, 체험활동의 교육내용에 별다른 문제는 없었는지, 현장의 체험내용과 시설은 충분히 활용하였는지, 현장에서 아이를 지도할 때 생겨난 일과 그에 대한 대처와 과정은 어땠는지 등을 평가한다. 또한, 아이끼리 서로 협조하거나 모둠활동을 하다가 드러난 문제점은 무엇인지, 아이를 있는 그대로 잘 관찰하였는지, 교사가 아이를 인솔할 때 생겨난 어려운 점은 무엇인지, 그에 대한 대안은 어떻게 논의하였는지 등을 평가한다. 특히, 교사끼리 현장에서 체험활동을 하는 도중에 생겨난 소통 부재 혹은 소통부족에 대해서도 짚고, 상호이해나 협력이 미흡 또는 만족했던 부분도 살펴보고, 현장의 체험활동과 관련하여 교사의 책임과 역량한계에 대한 평가도 곁들인다.

이처럼 현장에서 벌어졌던 부분에 대한 평가를 마치고 나면 더 없이 귀한 자료가 남게 되므로 다음부터는 더더욱 알찬 프로그램을 기획하고, 진행할 수 있음은 물어볼 필요도 없다.

3) 현장체험학습 후 활동 평가

체험 후 활동은 체험학습의 열매를 맺는 중요한 과정이므로 평가도 그런 성과적 측면을 중심으로 다루게 된다. 체험 후 활동에 대한 아이의 반응과 영향에 대하여 짚고, 그런 활동의 유의미성을 확인하는 자리를 가지도록 하자. 특히, 다음에 할 체험 후 활동은 어떻게 준비해서 진행할지를 판단하는 자료가 되므로 기록으로 남기는 게 바람직하다.

첫째, 체험 후 활동에 대한 평가다.

체험 후 활동으로 적절한 형식과 방법을 선택했는지, 체험 후 활동에 대한 아이의 반응은 어땠는지, 체험 후 활동의 내용과 교수법은 어땠는지, 체험 후 활동이 잘 이루어질 수 있도록 어떤 준비를 하였는지 등에 대한 평가가 필요하다.

둘째, 구체적인 체험 후 활동에 대한 평가다.

글쓰기를 했다면 어떤 형식으로 어떻게 진행하여 어떤 결과가 나왔는지, 그리기를 했다면 역시 무슨 형식을 어떻게 전개해 나갔으며 그 결과는 어땠는지 등을 평가한다. 만들기나 정보 알기도 마찬가지다. 왜 그런 만들기 활동 또는 정보 알기 활동을 했는지, 그런 활동에 따라 아이의 반응과 영향력은 어떠했는지 등을 평가한다.

셋째, 자료집이나 전시에 대한 평가다.

자료집을 내기로 했다면 어떤 과정과 준비단위를 거쳐 제작했는지, 그런 과정과 준비조직의 실행결과는 바람직했는지, 자료집을 내는데 든 경비와 노력은 무난했는지, 자료집을 본 아이와 학부모의 반응은 어땠는지 등에 대해 평가한다. 전시는 작품선정과 해설에 문제는 없었는지, 전시공간과 기간은 적절했는지, 전시를 통해 아이의 삶에 미친 영향은 무엇인지 등에 대하여 평가한다.

맺음말

　현장체험학습을 담당하는 교사는 오늘도 현장체험학습의 성공을 꿈꾸며 묵묵히 일한다. 왜 그런가? 그건 오직 사랑하는 제자에게 새로운 세상을 열어 보이고, 새로운 경험을 쌓게 하고, 새로운 등불을 밝히게 하여 아이의 삶이 더 풍요로워지기를 바라기 때문이다. 그런 의미에서 언제나 변함없이 구슬땀을 흘리는 모든 교사에게 새삼 심심한 경의와 감사를 표한다. 그런 교사의 땀방울과 헌신이 우리나라의 현장체험학습 발전에 기여하고, 우리 아이를 올곧게 길러 내는데 크게 이바지함은 의심할 여지가 없다.

　이 책에서 소개한 현장체험학습은 기준을 제시한 것에 불과하다. 모든 학교와 학원에서는 저마다의 사정과 형편에 맞춰 얼마든지 새로운 현장체험학습의 모범을 만들 수 있다. 중요한 것은 지금의 현장체험학습 실태와 현황이 아니라 어떻게 하면 우리나라의 현장체험학습을 선진국 수준으로, 나아가 선진국보다 더 나은 수준으로 가꾸어 나갈 것인가에 대한 문제다. 즉, 현재 상황을 냉정히 바라보되, 더욱 발전적인 방향으로 나아갈 길이 무엇인가에 대한 고민과 연구, 노력이 더 소중하다. 왜냐하면, 적어도 그런 수준은 되어야 우리 아이의 삶이 행복해지고, 풍요로워지기 때문이다.

현장체험학습에는 자연이 있고, 사람이 있고, 사회가 있고, 역사가 있고, 문화가 있고, 예술이 있고, 수없이 많은 길이 있다. 현장체험학습은 우리에게 어떤 길을 내보인다. 그 길을 어떻게 가느냐에 따라 우리의 인생이, 우리의 생각이 바뀔 수 있다. 아이는 바로 그 길의 한가운데에 서 있다. 결국, 우리는 소중한 우리 아이를 지혜롭게 기르기 위한 방편으로 새삼 현장체험학습에 대하여 고민할 필요가 있다. 그리고 더 나은 현장체험학습을 위해 나아가야 한다.

현장체험학습의 현장에서 고생하는 모든 교사의 고민을 다음처럼 물으면서 글을 맺는다.

"현장체험학습, 어떻게 하면 좋을까?"

참고자료

「문화재해설 서비스론」, 『경남문화해설』, 경상남도, 진주국제대학교, 2004

「문화유산해설기법 및 안내요령」, 『경남문화해설』, 경상남도, 진주국제대학교, 2004

현장체험학습 가이드

펴 낸 날 2015년 1월 28일

지 은 이 구경래
펴 낸 이 최지숙
편집주간 이기성
편집팀장 이윤숙
기획편집 윤은지, 김송진, 주민경
표지디자인 윤은지
책임마케팅 임경수
펴 낸 곳 도서출판 생각나눔
출판등록 제 2008-000008호
주   소 경기도 고양시 덕양구 화중로 130번길 24, 한마음프라자 402호
전   화 031-964-2700
팩   스 031-964-2774
홈페이지 www.생각나눔.kr
이 메 일 webmaster@think-book.com

· 책값은 표지 뒷면에 표기되어 있습니다.
  ISBN 978-89-6489-337-1   13590

· 이 도서의 국립중앙도서관 출판 시 도서목록(CIP)은 서지정보유통지원시스템 홈페이지
  (http://seoji.nl.go.kr)와 국가자료공동목록시스템(http://www.nl.go.kr/kolisnet)에서
  이용하실 수 있습니다(CIP제어번호: CIP2014035053).